谨以此书纪念江泽平研究员

中国栓皮栎资源图谱

Atlas of *Quercus variabilis* resources in China

朱景乐 刘丹 厉锋 等◎著

中国农业出版社

北 京

图书在版编目（CIP）数据

中国栓皮栎资源图谱/朱景乐等著 . —北京：中国农业出版社，2022.6

ISBN 978-7-109-29910-8

Ⅰ.①中…　Ⅱ.①朱…　Ⅲ.①栓皮栎－种质资源－中国－图谱　Ⅳ.①S792.189-64

中国版本图书馆CIP数据核字（2022）第154276号

ZHONGGUO SHUANPILI ZIYUAN TUPU

中国农业出版社出版

地址：北京市朝阳区麦子店街18号楼

邮编：100125

责任编辑：任安琦　郭晨茜

版式设计：杜　然　责任校对：吴丽婷

印刷：北京通州皇家印刷厂

版次：2022年6月第1版

印次：2022年6月北京第1次印刷

发行：新华书店北京发行所

开本：787mm×1092mm　1/16

印张：9.5

字数：300千字

定价：200.00元

《中国栓皮栎资源图谱》
作 者 名 单

朱景乐　刘　丹　厉　锋　马志刚

唐　骏　张春祥　任　跃　李　慧

张　婉　刘　琼　张　军　卢战平

张少伟　张瑞花　李　丽　周宗顺

肖祥伟　柯书银　杨　霞　朱海洋

刘建锋　刘学明　常　金　黄文静

栎树材质优良，用途广，是制作家具、地板的上等材料。其果实可以食用、酿酒，树皮可作为制造软木的原料，加工剩余物和朽木可用来培养菌类等。除此之外，栎树还具有很高的观赏性和重要的生态价值。

关于栎类的研究，早期国外主要是一些著名的植物分类学者开展的栎类系统分类和区系分布研究，如著名的瑞典生物学家Carl von Linné、英国植物学家John Claudius Loudon、丹麦植物学家Anders Sandøe Ørsted、德国植物学家Otto Karl Anton Schwarz、法国植物学家Aimée Antoinette Camus、美国植物学家William Trelease和Kevin Nixon、苏联植物学家Yuri Leonárdovich Menitsky等，他们对欧洲、北美以及古代的栎类植物进行了详细的分类描述和区系研究。在美国Steve Roesch教授的倡导下，国际栎类协会（The International Oak Society，IOS）于1992年成立并发行了首个栎类研究刊物*International Oaks*，标志着栎类植物研究进入了新阶段。

近年来，随着分子生物学技术的快速发展和应用，栎类植物的系统发育研究迈上了新台阶，如美国莫顿树木园的Andrew L. Hipp团队，重点研究了全世界栎类系统发育关系，其里程碑的贡献为一个由24名科学家组成的国际团队，首次使用260种栎树的基因组图谱和化石数据，揭开全球栎树多样性的发展历史；美国杜克大学的Paul S. Manos研究栎类系统发生学和生物地理学；美国明尼苏达大学Jeannine Cavender-Bares教授探讨了栎类生物多样性的起源、生理功能和组织形式；英国剑桥大学的Kremer Antoine则对欧洲的栎类系统发育、遗传分化等方面进行了深入研究。

在栎类培育和经营管理方面，近年出版的Oak: *Fine Timber in 100 Years*、*Oaks Physiological Ecology*、*Managing Oak Forests in the Eastern United States*、*The Ecology and Silviculture of Oaks*等著作影响较大。

我国是栎树的起源地和现代分布中心之一，栎树资源极其丰富，分布范围广，是我国重要的林木树种，也是我国亚热带和温带森林植物多样性的重要组成部分。据第九次全国森林资源清查结果显示，栎树分布面积和立木蓄积量均占全国首位。

据了解，我国栎类纯林较少，与其他树种组成的混交林占绝大部分，对其资源的保护，关系到我国森林生态系统的稳定与可持续发展，关系到我国生态环境建设的长治久安。

对于栎类资源的研究，中国林业科学研究院一直有着良好的基础和传承。新中国成立以来，陈嵘、吴中伦、蒋有绪、洪菊生、侯元兆、王豁然、陈益泰等专家学者，在栎类植物资源调查、分类研究、遗传育种、森林经营、生态功能价值等方面开展了系统的研究，取得了丰硕的成果，为我国栎类植物资源的开发利用做出了开拓性的贡献。

欣闻江泽平研究员领衔开展的"栎类资源培育与利用关键技术研究"，通过4年多的辛勤工作，在项目组的共同努力下，圆满完成了项目的各项研究任务，对我国栎类资源进行了一次全面梳理。从栎类资源物种多样性调查、优良种质资源收集与培育、病虫害种类调查与防控、栎类树种木材材性与干燥技术、栎类树种无性繁殖技术、栎林功能提升经营技术、优良栎类种质资源保存技术等方面进行了整体布局，开创了我国栎类资源系统研究的新局面。分项科研成果也在陆续产出，"栎类资源培育与利用丛书"就是其中的重要组成部分。本丛书的特色是以栎类森林生物多样性为出发点，通过基础资源调查，摸清我国栎类资源的家底，掌握我国栎类资源的全貌。本丛书涵盖栎类病虫害调查、栎类资源分布区系、栎类植物分类及地理分布研究、栎类栽培技术等内容。令人万分痛心并无法相信的是，鲜活的泽平毫无征兆地骤然离去，所有这些成了他的"遗作"。

希望本丛书的出版能给我国栎类植物和与栎类植物相关的动物构成等诸多问题的研究带来一定启迪，也相信丛书的出版将对我国及世界栎类研究产生深远的影响。并衷心希望栎类资源研究的专家学者们并肩携手、齐心协力把我国栎类研究推向新的高度，为我国的栎类资源保护做出贡献，为我国生物多样性保护以及资源、生物安全等战略目标的实现提供强有力的理论支持和科技支撑，让泽平安息、含笑九泉。

中国工程院院士　张守攻
2022年6月

栓皮栎在我国22个省份均有分布，是暖温带、亚热带地带性植被的建群种，秦巴山区是其分布的中心地区。在秦巴山区，栓皮栎能够生长成高达25m、胸径60cm的大乔木。其木材属于硬木类珍贵用材，树皮的周皮层部分可作为软木，是高档地板、软木垫、软木工艺品的主要原料。栓皮栎的壳斗和坚果是重要的栲胶和淀粉原料。根据培养栓皮栎林木直径的不同，可将栓皮栎经营划分为两个重要方向。其一是培养栓皮栎大直径林木，这不仅能够全面提升林地生态功能，还能生产出高质量的软木、栲胶和淀粉原料，使林木附加值大幅提高，这是栓皮栎林经营的一个重要方向。其二是培养栓皮栎小直径林木，小直径林木是培养香菇、木耳等食用菌的原料，也是培养天麻、猪苓等药材的主要原料。以培养食用菌、药材原料为方向的小直径栓皮栎林木培育，强调的是利用伐桩萌苗及其速生性，提高单位面积的生产力。总而言之，栓皮栎是集生态保护、珍贵用材及非木质林产品于一身的可全方面利用的重要造林树种，但是在全国范围内开展有关栓皮栎种质资源调查收集、研究不同种源栓皮栎的遗传变异等工作较少，尤其是缺乏相关资源图谱等。2018年1月，我们先后承担了中国林业科学研究院基金项目"栓皮栎资源收集及培育技术研究"、河南省林业财政资金项目"栓皮栎资源收集保存"、河南省林木种质资源库建设项目"信阳市平桥区栎类省级林木种质资源库建设项目"和山东省农业良种工程项目"栎类优树资源调查"、国家林业和草原局生物安全与遗传资源管理项目"麻栎遗传资源汇集整理及遗传多样性评价"。2018年1月至2021年12月，项目组在全国13个省（自治区、直辖市）设置了200多个调查点，系统开展了栓皮栎种质资源的调查收集工作，共收集保存36份种源资源，186份古树资源（含无性系和半同胞家系），86份优树资源（含无性系和半同胞家系）；采集图片资料5 836份；繁育苗木3.85万株；建立了信阳市平桥区栎类省级林木种质资源库，丰富了国家林木种质资源库的栎类资源。为栓皮栎遗传多样性研究、核心育种群体的建立及后期良种选育提供了较为全面的材料。

　　本书是在总结课题组多年研究栓皮栎成果的基础上，以栓皮栎种质资源为中心，将围绕其开展的资源收集保存和良种繁育的工作进行归纳梳理。俗话说"读万卷书，行万里路"，通过几年的持续工作，我们踏遍了栓皮栎的核心分布区和边缘分布区，掌握了栓皮栎资源分布的特点、变异类型、病虫害情况及苗木繁育技术。我们希望将自己收集到的资料整理成通俗易懂的文字及图片，便于初学者更快地熟悉掌握相关内容，同时也提供一些资源信息，为国内外同行开展深入研究提供相关资料。由于我们的水平有限，在内容选择、文字叙述中难免有不当之处。在本书出版后，希望能得到国内外同行，特别是从事植物学、林木遗传育种及森林培育学教学科研的老师、同学的批评指正，使我们未来的研究更具有效性。

朱景乐

2022年2月11日

CONTENTS 目 录

1 概　　述

1.1　分布

栓皮栎（*Quercus variabilis*）为温带阔叶林的主要成分之一，为壳斗科（Fagaceae）栎属（*Quercus*）植物。栎属共350种植物，中国约产90余种。栓皮栎是落叶乔木，高达30m，胸径达1m以上，花期3～4月，果期翌年9～10月。木材为环孔材，边材淡黄色，心材淡红色，气干密度0.87g/cm^3。壳斗、树皮富含单宁，可从中提取栲胶。

栓皮栎是较古老且地理分布很广的树种，地跨暖温带、亚热带和热带，常常是暖温带阔叶林区域及亚热带常绿阔叶林区域北部和中部森林群落的建群树种。

栓皮栎在我国主要分布于离海稍远的山地及丘陵地区，北自辽宁东南部的鸭绿江岸，辽宁南部、河北燕山山脉南坡以南到小五台山；西从山西阳泉起，延至山西的吕梁山、中条山、陕西北部的黄龙山，到甘肃的小陇山、麦积山，经甘肃南部到四川西部山地和川西高山峡谷地区，达云南贡山；南至云南的文山、蒙自、石屏、西双版纳，广西的西北地区，如隆林、天峨、凌云、田林、百色等，广东的乐昌一带；东从辽东旅大半岛开始，经山东的崂山至江苏、浙江、福建沿海低山丘陵，跨海到台湾，一直延伸至广东东北部的沿海地区。

国外向东分布到朝鲜、日本等国家。向西南分布到印度、不丹、缅甸、老挝以及越南的北部山区。该种也引种到俄罗斯的高加索黑海沿岸地区，以及法国、保加利亚等地，且在这些地区生长良好。

在暖温带落叶阔叶林区域，栓皮栎是主要的树种之一，在河南、河北、山西及山东等省的山地、丘陵都有大面积分布；亚热带北部、中部各省也普遍存在，尤其在安徽大别山、河南桐柏山、陕西秦巴山区都有较大面积分布；此外，在东部的辽东半岛、西部的云贵高原、桂西北山地也有存在。栓皮栎是这些地区的主要森林树种之一，是山地比较稳定的植物群落。栓皮栎林多生长于海拔400～1 600m的低、中山区，其中浅山区因人为影响多呈萌芽林，深山区多为高大乔木林。其垂直分布在各地的区别很大，自北向南，由东向西不断上升，这与地形、气候和植被类型密切相关。栓皮栎一般不自生于平原地区。

在我国栓皮栎分布的范围内，栓皮栎群落主要有栓皮栎纯林、松栎混交林和栎类混交林等几种形式。栓皮栎种粒大，结实丰富，林冠下及其附近的其他林分均有其实生幼苗、幼树。其萌芽更新能力较强，有较强的耐干旱、耐瘠薄能力，寿命长，是落叶阔叶林地区较稳定的森林群落。

栓皮栎多为天然次生林。史作民等研究表明，在其恢复过程中草本层、灌木层和乔木层表现出不同的物种多样性变化，乔木层物种多样性特征在其不同的恢复阶段表现出的差异最大，而草本层变化不明显。

1.2 用途

1.2.1 木材及其利用

随着我国人民生活水平和环保意识的提高，人们越来越关注木材类等天然材料，对林业产品的需求量急剧增加。栓皮栎主根发达、幼树耐阴、大树喜光、生长迅速、萌芽更新能力强、产柴量高且寿命长，采用短轮伐期、矮林作业经营，多次砍伐不影响天然更新成林，是用柴地区薪炭林的优良薪材树种，可缓解广大山区农民的缺柴问题。又因栎类木材呈淡黄褐色，有栗色花纹，具有丰富的木射线组织，光泽度好，材质坚硬、抗磨、耐腐、抗冲击、耐水湿，可作为车船、建筑和家居等行业的重要材料。栎炭色泽光亮，易燃、热值高、无烟、燃烧彻底而持久，火力强，碳素含量高，密度高，是理想的生活燃料，还可制作活性炭等工业原料。

1.2.2 栓皮及其利用

软木，俗称木栓、栓皮，是栓皮栎树皮的一部分，25年剥第一次皮，此后树能继续生长，10年后再剥一次。栓皮主要由成千上万个辐射排列的扁平细胞（木栓细胞）组成蜂窝状结构，细胞内含有树脂和单宁化合物，形成许多密闭的气囊，具有良好的弹性和减震功能且无毒无味。另外它还具有优良的防滑、耐压、密度小、消音、隔热保温、抗静电、防潮、耐腐抗蛀、耐磨、耐油耐酸、浮力大、不透水、不透气、阻烟自熄等功能。古罗马、古埃及和古希腊时期用来制作渔网浮漂、鞋垫和瓶塞等。现代用来制作瓶塞、软木地板、航海用的救生衣具、浮标、玩具、运动帽、特种设计运输带、装饰材料、马达机器等的绝缘防震垫板、传动无声材料、广播室和电影院的隔音材料、工艺品等。栓皮粉还可与油漆互调，具有防湿保温的作用，用于粉刷车船、锅炉、仓库、墙壁等。

1.2.3 提制栲胶

栲胶是以富含单宁（鞣料）的植物原料（树皮、根、茎、枝、叶、果等）经水浸提和浓缩等步骤加工而成的化工产品。通常为棕黄色至棕褐色，块状或粉状。是制革、纺织印染、石油化工、塑料、医药工业的重要原料，此外还可用作锅炉水处理剂、选矿抑制剂、金属表面防蚀剂和钻井泥浆稀释剂，浓缩类栲胶也可用作木工胶黏剂。20世纪70年代以来，合成鞣剂工业发展迅速，造成原料资源日益减少，世界栲胶产量有所下降，栲胶工业的发展趋势是寻找新的原料、建立原料基地、提高工艺技术和栲胶质量、开展废渣利用等。栓皮栎、板栗、栲树等都是鞣料植物，其皮、根、枝、叶、果的鞣质含量均在10%～30%，鞣质在植物不同部位含量不同。栓皮栎的壳斗可以提取栲胶和黑色染料，种仁浸泡液含有单宁，经浓缩的即成栲胶，每100kg种子可提取栲胶25kg左右。

1.2.4 橡子用途

橡子泛指除板栗以外的壳斗科植物种子的总称。橡子具有丰富的营养，据何瑞国等研究结果表明，橡子仁的可利用营养价值跟玉米相当，优于稻谷，是一种良好的可利用的野生植物资源。据《本草纲目》记载，橡子对人体有排毒、减肥、收敛和调理脾胃等保健作用，具有很高的药用价值。橡子含人体不能合成的苯丙氨酸、异亮氨酸，还有微量元素钒，并且橡子面具有拮抗重金属铅毒性的作用。其单宁内含物不影响橡子用于动物饲料。另外，我国报道以橡子为原料加工的食品有豆腐、橡子酱、橡子粉丝、橡子面、凉粉、橡子酒、橡子羹等，营养价值很高，但未作为商品进行销售。

1.2.5 其他用途

为了寻求一种高效、低毒的抗癌药物，民间治疗食管癌、肺癌、乳腺癌的一个有效药方就是用栓皮栎枝干部煎剂。应用栓皮栎糖浆对晚期癌症病人进行治疗，发现它能显著增强病人机体的免疫功能，对食管癌前病变也有阻断作用，对晚期肿瘤病人有缓解症状、延长生存期的作用。2000年，周立红等研究了栓皮栎叶片化学成分及抗炎活性，得到11个化合物，鉴定了其中9个，其中首次分离出胡萝卜苷和蒲公英赛醇，并初步研究了单体化合物3-表环桉烯醇的抗炎活性，但未深入到临床应用。

1.3 生态价值

栓皮栎具有良好的涵养水源、保持水土的作用。其树冠庞大，枝叶浓密，能很好地截留降雨，减缓地表径流，控制水土流失。其凋落物中营养元素含量高，大量营养元素归还土壤，使土壤酶活性升高，为林地提供了大量的速效养分，提高土壤肥力，促进自身及其他林木的生长。栓皮栎在森林中还扮演着改善环境的角色，具有净化空气、滞尘防尘、防火阻燃、生物防虫和调节小气候的功能。

栓皮栎林能净化空气，通过吸收并转化空气中的有害金属来反馈调节大气中CO_2的增长。由于栓皮栎具有发达的根系，可有效防止泥沙流失，固土、减缓径流和减轻降雨对地面的侵蚀，由此可在水土保持工程中发挥巨大的作用。2000年左右对栓皮栎生态学特性方面的研究主要集中在群落结构特征与物种多样性、生态效益和种群动态等方面。有试验研究了天然次生栓皮栎林在不同季节的光合特性，得到栓皮栎的光补偿点、光饱和点、表观光量子效率、CO_2补偿点和叶片在生长末期的光呼吸速率范围。在同一生境下，萌生更新和实生更新之间的协调主要体现在资源的分配和竞争上。近几年，关于栓皮栎生态学特性的研究侧重于不同生境下栓皮栎林的更新及与环境的互作方面，如在秦岭北坡两种林地的相似生境下（不同干扰条件下），杨保林等采用Lotka-Volterra竞争方程对栓皮栎林的径级结构及更新层的组成进行对比研究，同时研究了栓皮栎林更新中实生个体与萌生个体的竞争关系，发现栓皮栎林的更新由实生及萌生栓皮栎共同完成，并得出在干扰条件下萌生个体在更新中占优势的结论。同年，马莉薇等采用典型样地调查的方法，研究了秦岭北坡栓皮栎在3种生境（林窗、林缘、林下）条件下的种子成苗、实生苗生长及其与环境因素的关系，对影响实生苗更新和生长发育的环境因子进行了相关分析。结果表明：林窗为栓皮栎实生苗提供了有利的环境条件，并且较大年龄实生苗的数量比其他两个生境的数量多，实生苗生长状况和生物量积累也在三种生境中占优势，对种群的更新更为有利。因此在以后的栎林经营中，利用间伐适当增加林窗数量，可为其种群可持续发育提供条件。

进入21世纪，欧美各国竞相开发生物质能源。瑞典、匈牙利、德国等国家用专门培育的高热值的能源树种（柳树、刺槐和红栎等）制作固体燃料发电和供应暖气。而我国对生物质能源的利用基本停留在直接燃烧、制炭等初级阶段，热能损失严重，资源浪费大，易造成环境污染，过度依赖进口原油。因此开发利用能源树种栓皮栎，培育大面积速生丰产林，解决生物质能源转换的关键技术，不仅可以给生物质能源基地建设提供原料，而且可以提高生态建设水平，促进当地经济发展。

综上所述，前人对栓皮栎的形态特征、生物学特征、生态学特性、良种选育、资源培育、地理分布、综合利用等方面进行了较多的研究与介绍。然而，栓皮栎在我国所处自然环境复杂，人们对栎类植物资源重视不够，保护不足，急功近利，超限采伐，导致人为破坏和资源浪费十分严重，资源不断减少。因此，要科学、合理开发利用栓皮栎资源，发展木本淀粉生物质能源仍有许多问题需要解决。

长期以来，我国栓皮栎资源分布方面的研究，主要为公开发表文献资料方面的概述。这些研究资料研究方向不集中、时间跨度大，在一些研究观点上也不尽相同，尚缺乏对我国栓皮栎资源详细系统的研究和资源潜力的定量研究与评价，存在着本底不详实的现状，因此，要在全国范围内调查栓皮栎资源，确定其具体分布范围，分析其分布规律，划分资源分布区，在此基础上分析各个区域的资源特征，找出最适合发展栓皮栎的地区。

2 栓皮栎的特征特性

栓皮栎作为我国重要的落叶阔叶树之一，其叶片、花及树皮等共有的直观表型特征显著区别于其他物种。因此，不同组织器官之间的表型描述、形态特征可作为物种分类的重要依据。栓皮栎具有叶背被毛、壳斗小苞片钻形、果实近球形及木栓层发达等典型特征，是栎属植物的代表物种之一，本文以栓皮栎不同组织器官为研究对象，以图谱的形式展示栓皮栎叶片特征、开花结实特性、不同林龄树皮典型特征及物候期等，记录栓皮栎不同组织器官的特点，为栎属植物形态区分、生长发育规律的探究提供参考依据。

2.1 不同器官特征

2.1.1 叶片

叶片卵状披针形或长椭圆形，宽 2 ～ 6cm，长 8 ～ 15cm，顶端渐尖，基部圆形或宽楔形，叶缘具刺芒状锯齿，叶背密被灰白色星状茸毛，侧脉每边13 ～ 18条，直达齿端（图2-1、图2-2）。

图2-1 栓皮栎成熟叶片主要形态

图2-2　栓皮栎幼叶主要形态

2.1.2　花

栓皮栎雌雄同株，雄花先开放（图2-3、图2-4），为柔荑花序，花期在3月中下旬。花序轴自2cm伸长至8～12cm不等，每条花序轴30～50朵小花，小花无花瓣，3～4条花序簇生，花序轴黄绿色。花药成熟期约在3月28日前后，每朵花2～4枚花药，花药淡绿色，成熟时裂开散出花粉。故在3月28日前1～2d收集栓皮栎雄花为宜。

图2-3　栓皮栎雌花

图2-4　栓皮栎雄花

2.1.3　果实

壳斗杯形，包着坚果2/3，连小苞片直径约3cm，高约1.5cm；小苞片钻形，反曲，被短毛。坚果近球形或宽卵形，高和直径均约1.5cm，顶端圆，果脐突起（图2-5、图2-6）。

图2-5　栓皮栎幼果

图2-6　栓皮栎成熟果实

2.1.4　树皮

树皮黑褐色，深纵裂，木栓层发达。是我国生产软木的主要原料（图2-7至图2-9）。

图2-7　5年生栓皮栎树皮

图2-8　50年生栓皮栎树皮

图2-9　500年生栓皮栎树皮

2.1.5 茎段

栓皮栎茎段形态如图2-10至图2-13所示。

图2-10 栓皮栎茎段横切面（有栓皮积累）

图2-11 麻栎茎段横切面（无栓皮积累）

图2-12 扫描电镜观测栓皮栎横切面

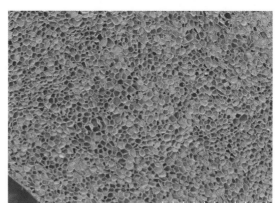

图2-13 扫描电镜观测栓皮栎纵切面

2.2 栓皮栎生长期的主要形态

栓皮栎生长期部分形态如图2-14至图2-25所示。

图2-14 栓皮栎芽萌动状（2019年3月15日，郑州）

图2-15 栓皮栎混合芽开放状（2019年3月18日，郑州）

图2-16　栓皮栎新叶雄花露出（2019年3月18日，
　　　　郑州）

图2-17　栓皮栎新叶开绽（2019年3月20日，郑州）

图2-18　栓皮栎叶片生长状（2019年3月24日，
　　　　郑州）

图2-19　栓皮栎雄花序伸长状（2019年3月24日，
　　　　郑州）

图2-20　栓皮栎雄花序成熟状（2019年3月26日，
　　　　郑州）

图2-21　栓皮栎叶轴伸长状（2019年3月26日，郑州）　图2-22　栓皮栎花粉散开（2019年3月28日，郑州）

图2-23　栓皮栎叶片变厚、有革质（2019年3月30日至4月4日，郑州）

图2-24　栓皮栎雌花发育（2019年4月4～20日，郑州）

图2-25　叶片停止生长（2019年4月7日，郑州）

3 栓皮栎的资源及分布

林木种质资源是重要的战略资源，是林业生产发展的根本，是林木良种选育的原始材料，是树种改良的物质基础。拥有的资源数量和研究的深入程度是决定育种效果的关键。全面开展集中栽培林木种质资源调查及保护利用，是长远实施林木种质资源保护与利用、构建深层次林木种质资源保护策略的坚实基础。查清林木种质资源的种类、数量、分布特点等，可为林木种质资源的科学保护、可持续利用提供数据支撑。

我国目前也对林木种质资源日益重视。2016年3月，国家林业局为贯彻落实《国务院办公厅关于加强林木种苗工作的意见》（国办发〔2012〕58号）和《全国林木种质资源调查收集与保存利用规划（2014—2025年)》，对重要乡土树种、珍贵树种、经济树种、沙生植物、竹藤、花卉的种质资源进行重点收集、保护、研究、利用。

栓皮栎分布面积较广，水平分布横跨22个省区（东经99°～122°、北纬22°～42°N），垂直分布于海拔50～2 000m。栓皮栎不但是重要的生态树种和乡土树种，也是我国重要的珍贵用材树种，是列入国储林项目中重点发展的树种。其根系发达，耐干旱、耐瘠薄，对我国生态脆弱区域具有十分重要的生态防护作用，是我国天然林、公益林及退耕还林等重大工程中的重要组成树种。栎类树种叶片和壳斗中鞣质含量为11.2%～19.7%，在制革、印染、选矿、医药等方面应用广泛。栎类树种枝丫材也是我国生产香菇、木耳等主要食用菌的原料。此外，栓皮栎是特种工业原料林树种，树皮（软木）可多次剥取而不造成树体死亡，是世界上最不怕剥皮的树；软木具有弹性好、不透水透气、隔音和隔热的特性，在航空航天、军工、交通、酿酒及地板装饰等领域有着广泛的应用，素有"软黄金"之称。

国外对栎类树种发展非常重视，在种质资源保护和良种选育方面均取得了显著成效，其中夏栎（*Quercus robur*）良种463余个，土耳其栎（*Quercus cerris*）良种56个，欧洲栓皮栎（*Quercus suber*）良种31个。然而，由于我国对栎类树种资源的长期不重视，栎类林遭到大面积破坏，现有林分大多为质量较差的天然次生林。为了保障未来有可用于树木改良或营林生产的优良基因型，建立开展栓皮栎资源调查、收集，保存具有不同遗传基础的栓皮栎种质资源非常必要。本章将国内栓皮栎林木调查的林分生长状况、优良单株及古树等图谱进行整理，为读者对中国栓皮栎资源情况建立初步了解。

3.1 残次天然次生林

长势较差的天然次生林如图3-1所示。

图3-1　长势较差的天然次生林

a.歪七扭八的主干　b.砍伐后主干多而细　c.砍伐后萌生

3.2 栓皮栎的林相及优良林分

栓皮栎林相及优良林分见图3-2至图3-41。

图3-2　河南省三门峡市陕州区栓皮栎林相

图3-3　河南省安阳市林州市栓皮栎林相

图3-4 贵州省布依族苗族自治州兴义县栓皮栎林相

图3-5 云南省楚雄彝族自治州武定县栓皮栎林相

图3-6　河北省石家庄市平山县优良林分（平均树高20.2m，平均胸径30.8cm）

图3-7　河北省邢台市信都区优良林分（平均树高12.3m，平均胸径15.5cm）

图3-9　河北省保定市易县流井乡豹泉林区优良林分（平均树高20.7m，平均胸径22.4cm）

图3-8　河北省保定市易县红崖山林场优良林分（平均树高15.8m，平均胸径31.1cm）

图3-10　山西省运城市夏县优良林分（平均树高14.4m，胸径27.8cm）

图3-11　北京市门头沟区中国林科院华北林业中心优良林分（平均树高15.6m，平均胸径23.9cm）

图3-13　陕西省商洛市镇安县黑窑沟林场优良林分（平均树高13.6m，平均胸径20.4cm）

图3-12　山西省临汾市古县古阳镇云顶小镇优良林分（平均树高18.5m，平均胸径28.4cm）

图3-14　河南省新乡市辉县林场优良林分（平均树高20.7m，平均胸径32.5cm）

图3-15　河南省济源市邵原镇南山林场优良林分（平均树高15.5m，平均胸径22.8cm）

图3-16　河南省三门峡市卢氏县卢氏林场优良林分（平均树高18.3m，平均胸径28.1cm）

图3-18　河南省洛阳市洛宁县吕村林场优良林分（平均树高19.9m，平均胸径28.5cm）

图3-17　河南省三门峡市陕州区西张村镇甘山森林滑雪场天爷庙后优良林分（平均树高21.4m，平均胸径15.5cm）

图3-19　河南省洛阳市嵩县天池山林场优良林分（平均树高20.7m，平均胸径32.4cm）

图 3-20　河南省洛阳市栾川县优良林分（平均树高 28.8m，平均胸径 43.8cm）

图 3-21　河南省洛阳市栾川县陶湾镇优良林分（平均树高 14.0m，平均胸径 22.7cm）

图 3-22　河南省平顶山鲁山县优良林分（平均树高 18.6m，平均胸径 28.6cm）

图3-23 河南省平顶山市舞钢市栓皮栎槲栎混交
林优良林分（平均树高14.4m，平均胸径
22.2cm）

图3-24 河南省南阳市西峡县庙子镇优良林分（平
均树高15.2m，平均胸径23.3cm）

图3-25 河南省南阳市淅川县优良林分（平均树高
15.7m，平均胸径24.2cm）

图3-26 河南省驻马店市泌阳县马道林场优良林分
（平均树高14.5m，平均胸径22.3cm）

图3-27　河南省信阳市浉河区南湾林场优良林分
（平均树高15.4m，平均胸径23.6cm）

图3-28　河南省信阳市商城县黄柏山林场优良林分
（平均树高32.3m，平均胸径80.3cm）

图3-29　山东省泰安市冯玉祥泰山纪念馆优良林分
（平均树高19.8m，平均胸径45.3cm）

图3-31　山东省济宁市邹城市峄山林场优良林分
（平均树高17.8m，平均胸径27.4cm）

图3-30　山东省泰安市岱岳区徂徕山林场优良林分
（平均树高23.4m，平均胸径35.6cm）

图3-32 山东省泰安市新泰市天宝镇光华寺景区石门沟优良林分（平均树高21.0m，平均胸径35.7cm）

图3-33 山东省泰安市泰山区三阳观优良林分（平均树高18.3m，平均胸径38.2cm）

图3-34 湖北省孝感市大悟乡丰店镇五岳山林场优良林分（平均树高17.8m，平均胸径33.1cm）

图3-35 湖北省荆门市钟祥市东桥镇盘石林林场优良林分（平均树高24.7m，平均胸径41.5cm）

图3-36 安徽省滁州市南谯区红琊山林场优良林分（平均树高12.3m，平均胸径12.0cm）

图3-38 安徽省滁州市南谯区优良林分（平均树高11.4m，平均胸径8.5cm）

图3-37 安徽省滁州市明光市石坝镇老嘉山林场优良林分（平均树高25.4m，平均胸径31.6cm）

图3-39 安徽省宿州市萧县优良林分（平均树高24.6m，平均胸径31.0cm）

图3-40　贵州省布依族苗族
自治州兴义县优良
林分（平均树高
17.4m，平均胸径
31.2cm）

图3-41　云南省昆明市盘
龙区黑龙潭优良
林分（平均树高
18.8m，平均胸径
56.6cm）

3.3　优良单株

栓皮栎优良单株（优树）见3-42至图3-92。

图3-42　河南省南阳市南召县城关镇优树（树高
18.4m，胸径53.1cm）

图3-43　河南省南阳市南召县四棵树乡优树（树高
19.8m，胸径85.2cm）

图3-44　河南省南阳市南召县城关镇优树（树高
16.3m，胸径51.6cm）

图3-45　河南省南阳市桐柏县城关镇桐柏山风景区
黄龙潭优树（树高28.2m，胸径55.8cm）

图3-46 河南省南阳市桐柏县城关镇桐柏山风景区桃花洞口优树（树高26.1m，胸径45.5cm）

图3-47 河南省三门峡市卢氏县瓦窑沟优树（树高22.6m，胸径81.3cm）

图3-48 河南省三门峡市陕州区优树2号（树高21.5m，胸径73.9cm）

图3-49 河南省三门峡市陕州区优树1号（树高17.3m，胸径71.7cm）

图3-50　河南省信阳市商城县黄柏山优树1号（树高18.6m，胸径68.7cm）

图3-51　河南省信阳市商城县黄柏山优树2号（树高24.2m，胸径81.7cm）

图3-52　河南省信阳市商城县黄柏山优树3号（树高21.7m，胸径75.6cm）

图3-53　河南省信阳市商城县黄柏山优树4号（树高20.8m，胸径70.6cm）

图3-54　河南省信阳市浉河区鸡公山生态保护站优树（树高25.7m，胸径51.3cm）

图3-55　河南省平顶山市鲁山县四棵树乡优树（树高21.2m，胸径89.4cm）

图3-56　河南省洛阳市栾川县潭头镇优树（树高19.7m，胸径95.3cm）

图3-57　河南省洛阳市栾川县大平林场优树（树高24.3m，胸径113.6cm）

图3-58　河南省驻马店市泌阳县优树（树高14.6m，胸径46.4cm）

图3-59　山东省泰安市徂徕山林场中军帐神影泉优树（树高21.6m，胸径34.5cm）

图3-60　山东省泰安市泰山优树（树高13.4m，胸径53.2cm）

图3-61　山东省泰安市泰山县普照寺冯玉祥纪念馆
优树（树高23.5m，胸径50.2cm）

图3-62　山东省泰安市泰山县桃花峪游步道防火检
查站下优树（树高18.5m，胸径34.5cm）

图3-63　山东省泰安市泰山县桃花峪游步道优树1号
（树龄50年，树高17.4m，胸径36.3cm）

图3-64　山东省泰安市泰山县桃花峪游步道优树2
号（树高25.5m，胸径35.7cm）

图3-65 山东省泰安市泰山县中天门环山路优树（树高29.0m，胸径40.5cm）

图3-66 山东省泰安市泰山县三阳观优树1号（树高20.6m，胸径35.1cm）

图3-67 山东省泰安市泰山县三阳观优树2号（树高21.6m，胸径43.2cm）

图3-68 山东省临沂市蒙阴县天麻林场景区文化广场东漂流上站优树（树高20.0m，胸径41.5cm）

图 3-69　山东省临沂市平邑县大洼林场凌云宫路西　　图 3-70　山东省临沂市平邑县大洼林场护林房正南
　　　　　优树（树高21.2m，胸径34.4cm）　　　　　　　　　优树（树高17.0m，胸径55.5cm）

图 3-71　山东省临沂市平邑县大洼林场护林房西南　　图 3-72　山东省临沂市平邑县大洼林场护林房西南
　　　　　优树1号（树高15.8m，胸径48.7cm）　　　　　　　优树2号（树高15.4m，胸径43.1cm）

图3-73　山东省临沂市平邑县大洼林场小庵子上方优树1号（树高14.2m，胸径43.6cm）

图3-74　山东省临沂市平邑县大洼林场小庵子上方优树2号（树高15.3m，胸径37.6cm）

图3-75　山东省临沂市平邑县柏林乡明光寺林场王家石屋上方优树（树高16.4m，胸径40.5cm）

图3-76　山东省临沂市平邑县万寿宫林场益寿山庄西南优树（树高20.9m，胸径42.5cm）

图3-77　山东省烟台市牟平区昆嵛山林场四分场丹井
　　　　东坡优树（树高为12.8m，胸径31.6cm）

图3-78　山东省烟台市牟平区昆嵛山林场三分场滴水
　　　　台北山优树（树高14.1m，胸径40.9cm）

图3-79　山东省烟台市牟平区龙泉镇昆嵛山林场老
　　　　师坟大梁子下端优树（树高15.2m，胸径
　　　　41.3cm）

图3-80　山东省烟台市牟平区龙泉镇昆嵛山林场三
　　　　分场老师坟房后路旁优树（树高15.4m，
　　　　胸径43.3cm）

图3-81　山东省济宁市邹城市峄山林场优树1号
（树高18.2m，胸径40.0cm）

图3-82　山东省济宁市邹城市峄山林场优树2号
（树高14.7m，胸径30.1cm）

图3-83　山东省济宁市邹城市峄山林场优树3号
（树高14.8m，胸径38.8cm）

图3-84　山东省济宁市邹城市峄山林场优树4号
（树高21.1m，胸径41.3cm）

图 3-85　山东省临沂市平邑县大洼林场小庵子优树
（树高 21.2m，胸径 45.6cm）

图 3-86　陕西省西安市周至县楼观台优树（树高
16.8m，胸径 42.1cm）

图 3-87　陕西省西安市雁塔区西安植物园优树（树
高 14.2m，胸径 27.8cm）

图 3-88　山西省临汾市古县古阳镇云顶小镇优树
（树高 18.5m，胸径 81.3cm）

图 3-89　甘肃省天水市麦积区磨扇沟优树（树高16.5m，胸径128.1cm）

图 3-90　云南省昆明市富民县栓皮栎优树（树高18.6m，胸径73.2cm）

图 3-91　河南省南阳市淅川县荆紫关林场法海寺屋后优树（树龄100年，树高28.8m，胸径98.1cm，平均冠幅20.5m）

图 3-92　湖南省张家界市桑植县竹叶坪乡三百磴村汤家峪组优树（树龄800年，树高23.2m，胸径220.4cm，平均冠幅20.7m）

3.4 古树名木

栓皮栎的古树各木见图3-93至图3-141。

图3-93 河南省南阳市内乡县马山口镇吴家庄村杜落庄组古树（树龄约350年，树高20.2m，胸径90.1cm，平均冠幅19.2m）

图3-94 河南省南阳市内乡县夏管镇葛条爬村宝天曼生态文化旅游区古檀沟古树（树龄约150年，树高22.5m，胸径101.1cm，平均冠幅26.4m）

图 3-95　河南省南阳市西峡县古树（树龄约 200 年，树高 21.7m，胸径 89.5cm，平均冠幅 25.1m）

图 3-96　河南省南阳市桐柏县古树（树龄约 400 年，树高 23.6m，胸径 124.3cm，平均冠幅 15.4m）

图 3-97　河南省南阳市桐柏县城关镇桐柏山风景区黑龙潭山神庙古树（树龄约 300 年，树高 24.0m，胸径 90.1cm，平均冠幅 23.4m）

图 3-98　河南省南阳市淅川县西簧乡梅池村古树（树龄约 250 年，树高 38.0m，胸径 133.8cm，平均冠幅 30.2m）

图 3-99　河南省南阳市淅川县古树（树龄约 200 年，树高 22.3m，胸径 98.7cm，平均冠幅 15.6m）

图 3-100　河南省南阳市淅川县毛堂乡贾营村古树（树龄约 200 年，树高 26.0m，胸径 106.3cm，平均冠幅 22.7m）

图 3-101　河南省三门峡市灵宝市朱阳镇芋元村古树（树龄约 800 年，树高 18.4m，胸径 400.6cm，平均冠幅 17.5m）

图 3-102　河南省三门峡市灵宝市朱阳镇王家村古树（树龄约 800 年，树高 25.3m，胸径 490cm，平均冠幅 29.4m）

图 3-103　河南省三门峡市灵宝市朱阳镇小河村南沟自然村边古树（树龄约 1 500 年，树高 26.2m，胸径 178.3cm，平均冠幅 20.8m）

图3-104 河南省三门峡市灵宝市朱阳镇小河村西峪路边土台上古树（树龄约600年，树高20.2m，胸径121.3cm，平均冠幅18.5m）

图3-105 河南省三门峡市灵宝市朱阳镇小河村东峪西边土梁上古树（树龄约700年，树高20.6m，胸径127.4cm，平均冠幅40.1m）

图3-106 河南省三门峡市卢氏县瓦窑沟乡薛家沟古树（树龄300年，树高22.4m，胸径86.6cm，平均冠幅13.3m）

图3-107 河南省三门峡市卢氏县五里川镇后岭村古树（树龄800余年，树高19.8m，胸径105.1cm，平均冠幅26.6m）

图3-108　河南省三门峡市卢氏县朱阳关镇漂池村土地岭组漂池栓栎古树（树龄近600年，树高20.7m，胸径346.5cm，平均冠幅18.7m）

图3-109　河南省三门峡市卢氏县瓦窑沟乡庙岭村的一个山坡上古树（树龄600余年，树高32.4m，胸径109.9cm，平均冠幅29.1m）

图 3-110 河南省三门峡市陕州区店子乡沟口村古树（树龄800余年，树高21.4m，胸径101.9cm，平均冠幅32.6m）

图 3-111 河南省三门峡市陕州区店子乡尖川沟村古树（树龄1 500年以上，树高28.5m，胸径140.1cm，平均冠幅32.7m）

图3-112 河南省三门峡市渑池县段村乡石峰峪村古树（树龄150余年，树高18.4m，胸径160.0cm，平均冠幅12.4m）

图3-113 河南省洛阳市嵩县大章镇马石沟村古树1号（树龄280年，树高21.2m，胸径89.2cm，平均冠幅11.3m）

图3-114 河南省洛阳市嵩县大章镇马石沟村古树2号（树龄300年，树高20.2m，胸径66.9cm，平均冠幅10.6m）

图3-115 河南省洛阳市嵩县大章镇马石沟村河西古树（树龄300年，树高15.2m，胸径72.9cm，平均冠幅15.4m）

图3-116 河南省洛阳市嵩县德亭镇老道沟村古树（树龄300年，树高14.3m，胸径73.1cm，平均冠幅14.0m）

图3-117 河南省洛阳市嵩县德亭镇龙王庙村吴沟古树（树龄150年，树高16.5m，胸径68.2cm，平均冠幅14.6m）

图3-118 河南省洛阳市嵩县旧县镇龙潭村蔡家岭古树（树龄399年，树高18.3m，胸径88.9cm，平均冠幅15.5m）

图3-119 河南省济源市承留镇山坪村走马岭古树（树龄500年，树高12.0m，胸径95.5cm，平均冠幅15.0m）

图3-120　河南省济源市承留镇玉皇庙村陀螺庵白老树洼古树（树龄250年，树高12.0m，胸径73.2cm，平均冠幅达19.7m）

图3-121　河南省济源市承留镇山坪村门道嘴古树（树龄1 000年，树高8.4m，胸径111.5cm，平均冠幅13.2m）

图3-122　河南省济源市王屋镇西坪村上门古树（树龄350年，树高11.4m，胸径88.9cm，平均冠幅12.1m）

图3-123　河南省济源市王屋镇西坪村小原山古树（树龄350年，树高16.8m，胸径95.9cm，平均冠幅15.2m）

图3-124　河南省济源市思礼镇水洪池村古树（树龄约500年，树高23.4m，胸径114.6cm，平均冠幅12.8m）

图3-125　河南省安阳市林州文言寺古树（树龄约300年，树高8.7m，胸径84.6cm，平均冠幅6.6m）

图3-126　河南省平顶山市鲁山县古树1号（树龄250年，树高14.2m，胸径92.4cm，平均冠幅18.2m）

图3-127　河南省平顶山市鲁山县古树2号（左）和古树3号（右）（树龄分别为300年和500年，树高分别为15.6m和19.7m，胸径分别为104.8cm和152.6cm，平均冠幅分别为14.1m和18.6m）

图3-128　河南省平顶山市鲁山县古树4号（树龄约400年，树高19.8m，胸径108.7cm，平均冠幅14.1m）

图3-129　河南省平顶山市鲁山县古树5号（树龄约600年，树高21.4m，胸径134.8cm，平均冠幅15.7m）

图 3-130　山东省泰安市岱岳区徂徕镇茶石峪林区上场工队古树（树龄 500 年，树高 13.7m，胸径 106.1cm，平均冠幅 12.6m）

图 3-131　山东省烟台市招远市玲珑镇罗山大将家林区班仙洞古树（树龄 600 年，树高 16.5m，胸径 150.0cm，平均冠幅 12.5m）

图 3-132　陕西省安康市平利县城关镇冲河村古树（树龄约 800 年，树高 27.5m，胸径 127.4cm，平均冠幅 23.4m）

图 3-133　陕西省安康市镇坪县牛头店镇前进村古树（树龄 450 年，共两株，位于图中最左侧和最右侧，树高分别为 18.7m 和 14.2m，胸径分别为 142.0cm 和 130.6cm，冠幅分别为 17.9m 和 8.8m）

图3-134　安徽省合肥市肥西县紫蓬镇紫蓬山西庐寺北侧九龙戏珠牌坊东古树（树龄150年，树高37.2m，胸径58.8cm，平均冠幅12.9m）

图3-135　安徽省宿州市萧县永堌镇皇藏峪村皇藏峪国家森林公园古树（树龄300年以上，树高24.8m，胸径239.9cm，平均冠幅76.4m）

图3-136　安徽省宣城市泾县蔡村镇狮村古树（树龄约100年，树高45.5m，胸径142.4cm，平均冠幅32.4m）

图3-137 湖北省孝感市李昌县小悟乡笔架村古树（树龄200年，树高23.4m，胸径72.6cm，平均冠幅14.9m）

图3-138 湖北省孝感市李昌县小悟乡四方村古树（树龄300年，树高15.4m，胸径45.5cm，平均冠幅16.9m）

图3-139 云南省曲靖市马龙县古树（树龄约100年，树高17.8m，胸径64.4cm，平均冠幅16.4m）

图3-140 河南省南阳市内乡县宝天曼古树（树龄约200年，树高18.4m，胸径82.1cm，平均冠幅14.2m）

图3-141 河南省南阳市淅川县白浪镇杨沟村古树（树龄约500年，树高23.5m，胸径127.3cm，平均冠幅21.4m）

4 栓皮栎遗传多样性

植物的进化过程就是不断适应环境的过程，环境条件的变化对植物的遗传多样性产生重要影响，而遗传多样性的高低显示了植物种内或者种间的变化丰富程度的高低。就林木而言，树种遗传多样性的水平和方式决定了其适应环境变化的能力，遗传多样性越高，对环境条件变化的适应能力越强。栓皮栎是我国暖温带、亚热带地区的主要建群树种，分布在22个省区。分布面积广，所处环境复杂，因此不同种群的栓皮栎存在极大的遗传变异，即使在同一种群也有可能存在较大的变异。最直观的遗传多样性差异为表型的遗传多样性差异，而栓皮栎在此方面研究较少。本文以栓皮栎种子、树皮及叶片为研究对象，调查分析不同种群及家系的表型性状，同时研究同一种群内不同单株的差异，为栓皮栎遗传多样性的深入研究提供参考。

4.1　不同种源栓皮栎种子性状差异比较

种子在植物的生殖周期中起着重要的作用，是植物生殖器官的主要组成部分。种子大小已被表征为扩散、种子休眠、植物生物量、生态位专化和竞争能力等性状共同进化复合体的一个要素。种子大小也影响植物种子的传播、定居和幼苗的存活。在受到胁迫的环境中，植物可能以牺牲种子数量为代价来选择较大的种子，因为较大的种子有更好的机会发育成既定的后代。因此，种子的形态特征是植物适应环境变化的核心。

研究种子形态变化的模式及其与环境因子的关系，有助于了解植物可塑性对环境因子变化的响应，揭示遗传和环境因子在植物生态适应中的作用。近年来，一些研究集中在不同产地的种子大小差异以及环境与种子特征之间的关系。Maranz 和 Wiesman 发现温度和降水对种子大小有显著影响。Wu 等指出，种子大小（长度和宽度）随经度从西到东减少。此外，刘志龙等注意到种子宽度和百粒重随着经度的增加而增加，随着纬度的增加而逐渐减少。Leal-Sáenz 等认为，在潮湿和温暖的气候中发现的种群表现出更大的锥体长度和种子大小。此外，Ji 等揭示，平均锥体干重作为适应性的指标，与潜在的蒸散量具有显著线性相关性。

栓皮栎是我国重要的落叶阔叶树种之一，它为软木和有价值的木制品提供原料，并提供固碳、水土保持等生态效益。目前对栓皮栎的研究主要集中在基本生物学特性、生理特性和种群生态系统等方面。然而，国内鲜有关于栓皮栎种子形态变化及其与气候因子的关系的资料。因此，本次研究的目的是定量研究栓皮栎种子形态特征的变化及其对气候因子的响应。

4.1.1 材料和方法

4.1.1.1 研究区域

中国栓皮栎主要分布在暖温带、亚热带。这些地区的土壤类型可能是深棕色、褐色、黄色、红色和其他主要的地带性土壤类型。在中国的17个省份选择了43个典型的栓皮栎天然次生林，该区域的地理跨度纬度介于23.33°N（云南红河州）至43.83°N（新疆乌鲁木齐市）之间，经度介于87.62°E（新疆乌鲁木齐）至123.30°E（辽宁辽阳）之间。年降水量在231mm（新疆乌鲁木齐）至1556mm（江西南昌）之间。最高月平均气温为20.16℃～33.42℃（表4-1）。

表4-1 中国东部43个研究样地的地理位置和气候条件

位点数	站点位置	东经（°）	北纬（°）	海拔高度（m）	年平均气温（℃）	最热月平均气温（℃）	年降水量（mm）	最湿季节降水量（mm）	等效纬度（°）
1	安徽省滁州市	117.97	32.35	80	15.28	30.89	939	448	117.97
2	安徽省淮南市	117.00	32.63	49	15.64	31.64	897	431	117.00
3	北京市门头沟区	116.09	39.96	213	11.70	30.25	552	422	116.09
4	北京市密云区	117.07	40.50	357	9.75	28.76	514	382	117.07
5	北京市平谷区	117.13	40.28	353	10.00	28.59	530	399	117.13
6	甘肃省天水市	106.55	34.47	1 189	10.81	26.91	642	341	106.55
7	广西壮族自治区百色市	106.55	24.77	142	16.55	27.41	1 270	682	106.55
8	贵州省安龙县	104.70	24.85	1 697	14.66	24.19	1 183	636	104.70
9	贵州省兴仁县	104.95	25.25	1 298	15.94	26.16	1 265	676	104.95
10	河南省登封县	113.05	34.45	371	13.46	29.76	673	365	113.05
11	河南省济源市	112.60	35.07	155	14.60	31.95	567	326	112.60
12	河南省鲁山县	111.05	34.05	880	13.33	30.58	671	335	111.05
13	河南省南召县	112.43	33.46	251	15.11	31.24	804	382	112.43
14	河南省桐柏县	113.68	32.53	170	15.13	30.86	974	444	113.68
15	湖北省巴东县	110.34	31.04	598	15.14	30.07	1 216	540	110.34
16	湖北省宝康县	111.26	31.88	680	13.72	29.35	1 058	472	111.26
17	湖北省恩施市	109.49	30.28	491	16.26	31.48	1 468	652	109.49

位点数	站点位置	东经（°）	北纬（°）	海拔高度（m）	年平均气温（℃）	最热月平均气温（℃）	年降水量（mm）	最湿季节降水量（mm）	等效纬度（°）
18	湖北省建市县	109.73	30.60	730	14.84	29.81	1 383	600	109.73
19	湖北省景山市	113.12	31.02	103	16.08	31.17	1 071	467	113.12
20	湖北省随县	112.98	31.53	287	15.05	30.20	1 033	447	112.98
21	湖北省秭归县	110.98	30.83	610	15.62	30.49	1 167	536	110.98
22	湖北省武汉市	114.31	30.59	27	17.26	32.00	1 265	561	114.31
23	湖北省竹山县	110.23	32.22	418	15.28	31.21	1 004	454	110.23
24	湖南省湘西州	109.74	28.31	277	17.33	32.57	1 339	604	109.74
25	湖南省长沙市	112.94	28.23	61	17.78	33.33	1 403	597	112.94
26	江西省南昌市	115.83	28.76	37	18.70	33.42	1 556	726	115.83
27	辽宁省大连市	121.79	39.10	137	10.22	26.69	646	402	121.79
28	辽宁省辽阳市	123.30	41.08	171	8.04	27.25	742	473	123.30
29	山东省烟台市	121.74	37.26	222	11.13	26.39	721	434	121.74
30	山西省夏县	111.37	35.01	1 185	9.95	26.49	611	333	111.37
31	陕西省宝鸡市	107.14	34.37	680	13.11	30.25	681	358	107.14
32	陕西省山阳市	109.88	33.53	726	12.93	29.03	778	375	109.88
33	陕西省上南市	110.88	33.53	826	14.69	31.05	774	373	110.88
34	陕西省渭南县	109.50	34.50	536	13.16	30.94	606	297	109.50
35	陕西省咸阳市	108.08	34.27	486	12.76	29.78	648	326	108.08
36	西藏林芝市	94.36	29.65	3 164	7.90	20.16	651	359	94.36
37	新疆维吾尔自治区乌鲁木齐市	87.62	43.83	899	7.06	30.22	231	87	87.62
38	云南省安宁市	102.45	24.99	1 852	15.25	24.81	898	496	102.45
39	云南省洪河州	103.61	23.33	1 655	14.71	22.98	1 367	761	103.61
40	云南省昆明市	102.75	25.14	2 051	14.30	23.70	921	509	102.75
41	云南省占义县	103.55	25.59	2 214	13.84	23.23	938	515	103.55
42	浙江省临安区	119.44	30.33	320	14.78	30.13	1 399	554	119.44
43	浙江省余杭区	120.30	30.42	9	16.51	32.29	1 262	472	120.30

4.1.1.2　样品采集

在每个林分中选择一个无人为干预的区域，建立20m×20m的样地，记录样地的经、纬度和海拔。在2019年秋季果实成熟高峰期，从每个地块中收集至少100颗完全发育的无病种子。样本放入单独标记的尼龙袋中风干，置于−5℃下保存。

4.1.1.3　样地的地理信息和气候数据

所有站点的气候数据，包括年平均气温（MAT）、年降水量（AP）、最热月平均气温（MTW）和7～9月降水量（PWQ），均来自全球气候和天气数据网站（http://www.worldclim.org）（表4-1）。使用ArcMap10.8从WorldClim数据网站中提取气候数据。由于不同地点之间的海拔高度差异很大，我们按照Jonsson等的建议，将所有纬度转换为等效纬度（ELAT），以确定纬度的真实影响并消除海拔因素的影响。转换公式如下：

$$等效纬度＝纬度＋（海拔−300）/200（如果海拔小于300m）$$
$$等效纬度＝纬度＋（海拔−300）/140（如果海拔大于300m）$$

4.1.1.4　种子形态指标的测定

使用精度为0.01mm的游标卡尺测量来自每个种群的至少20粒种子的种子宽度（SW）和种子长度（SL）。种子宽度指种子左侧和右侧最宽点之间的距离，种子长度指从种子底部到顶部的距离。所有测量值均精确到小数点后2位。每粒种子测量3次并取平均值。计算每粒种子的种子长宽比（SL/SW）。

4.1.1.5　统计分析

采用SPSS 26.0软件（IBM公司）的单因素方差分析函数对不同居群点采集的栓皮栎种子形态指标进行差异性检验。使用邓肯多重比较在$p ≤ 0.05$处评估均值之间的差异性。利用Origin 2019b软件（美国北安普顿Origin实验室公司）对该物种表型性状受区域气候因素影响的变异性进行量化。采用Canoco5（微电脑电源）对栓皮栎种子形态进行主要成分分析。

4.1.2　结果与分析

4.1.2.1　种子形态特征和变化规律

不同居群中种子的宽度、长度和长宽比差异显著。各居群间种子宽度的变化范围在7.96～27.17mm，平均为17.35mm；湖北随州平均种子宽度最大（20.93mm），湖北省恩施市的平均种子宽度最小（11.70mm）；种子长度在9.96～35.04mm，平均为19.97mm，新疆乌鲁木齐市平均种子长度最长（31.69mm），湖北省巴东县平均种子最短（17.17mm）；种子长宽比在0.70～2.31mm，平均值为1.17mm（表4-2）。

表 4-2 43 个样地的栓皮栎种子长度、种子宽度和种子长宽比的统计数据

位点	种子长度					种子宽度					种子长宽比					样本大小
	平均值	最大值	最小值	标准差	变异系数(%)	平均值	最大值	最小值	标准差	变异系数(%)	平均值	最大值	最小值	标准差	变异系数(%)	
1	19.51[defghijk]	23.56	15.02	1.71	8.74	18.21[ijk]	26.78	13.13	1.58	8.70	1.07[bcde]	1.58	0.70	0.10	9.08	100
2	20.42[hijkl]	24.22	15.88	1.13	5.53	19.99[lmn]	27.17	13.82	1.50	7.51	1.04[abc]	1.32	0.76	0.06	6.21	120
3	19.20[cdefghij]	22.94	15.49	1.49	7.79	14.82[bc]	18.46	10.87	1.26	8.50	1.30[i]	1.60	1.05	0.07	5.56	80
4	20.52[ijkl]	22.75	18.68	0.97	4.74	18.88[klm]	21.90	16.33	1.43	7.56	1.09[bcde]	1.36	0.94	0.10	9.26	20
5	20.40[hijkl]	24.27	16.69	1.89	9.26	17.42[efghij]	20.97	15.00	1.41	8.09	1.18[efgh]	1.50	0.86	0.14	11.55	20
6	17.81[abc]	21.52	13.36	2.12	11.88	15.75[cde]	19.52	12.44	1.77	11.26	1.14[cdef]	1.40	0.94	0.12	10.55	20
7	20.31[hijkl]	24.49	14.14	2.13	10.48	16.53[defghij]	20.69	13.75	1.57	9.52	1.23[fghi]	1.52	1.00	0.13	10.46	30
8	19.53[defghijk]	22.80	13.45	1.92	9.82	18.82[klm]	24.56	14.26	2.07	10.99	1.04[abc]	1.24	0.85	0.10	9.37	30
9	21.15[klmn]	23.84	18.20	1.42	6.71	20.26[mn]	22.89	17.97	1.02	5.03	1.04[abc]	1.23	0.90	0.07	6.89	30
10	19.49[defghijk]	26.80	13.97	1.60	8.23	17.42[fghijk]	22.08	12.57	1.48	8.48	1.12[bcdef]	1.61	0.82	0.10	8.72	438
11	21.69[lmn]	26.10	17.08	1.61	7.44	17.68[fghij]	21.57	13.97	1.23	6.94	1.23[fghi]	1.50	0.98	0.09	7.85	60
12	19.89[fghijk]	20.74	18.92	0.46	2.29	17.07[efghij]	18.83	14.47	1.27	7.41	1.17[defgh]	1.36	1.00	0.09	7.69	20
13	18.65[abcdefg]	23.00	13.90	1.63	8.76	16.20[cdef]	21.50	10.45	1.53	9.43	1.16[cdefgh]	1.76	0.85	0.11	9.25	80
14	20.36[hijkl]	24.45	15.70	1.29	6.35	20.20[mn]	23.42	16.6	1.49	7.35	1.01[ab]	1.20	0.86	0.05	5.15	60
15	17.17[a]	24.35	9.96	1.43	8.33	14.95[bc]	20.08	9.78	1.26	8.44	1.14[cdefg]	1.44	0.80	0.12	10.82	60
16	19.71[fghijkl]	22.82	14.62	1.32	6.70	17.82[ghijk]	20.40	14.26	1.05	5.89	1.11[cdefg]	1.41	0.90	0.09	8.55	40
17	17.22[a]	20.79	11.56	1.64	9.54	11.70[a]	13.79	9.28	0.91	7.74	1.48[j]	1.99	1.03	0.16	10.62	60
18	20.27[ghijkl]	23.89	17.58	1.91	9.41	18.19[ijk]	21.99	15.31	1.66	9.14	1.12[bcde]	1.41	0.99	0.10	8.87	30
19	20.05[fghijkl]	23.58	17.02	1.05	5.25	17.29[efghijk]	21.63	13.55	1.16	6.69	1.17[defgh]	1.62	0.94	0.09	7.31	60
20	20.08[ghijkl]	22.02	16.65	1.21	6.04	20.93[n]	23.13	18.49	1.12	5.36	0.96[a]	1.12	0.82	0.07	7.25	30
21	18.90[bcdefghi]	22.82	14.62	1.95	10.34	17.72[fghijk]	19.88	15.30	1.19	6.70	1.07[abcde]	1.36	0.90	0.13	12.22	20
22	19.51[cdefghijk]	24.49	13.79	1.28	6.57	17.73[fghijk]	23.33	12.72	1.20	6.75	1.10[bcde]	1.45	0.81	0.07	6.78	99

位点	种子长度					种子宽度					种子长宽比					样本大小
	平均值	最大值	最小值	标准差	变异系数(%)	平均值	最大值	最小值	标准差	变异系数(%)	平均值	最大值	最小值	标准差	变异系数(%)	
23	20.95[jklm]	22.73	19.19	0.90	4.30	19.70[lmn]	21.72	17.22	1.06	5.38	1.06[abcde]	1.13	0.96	0.05	4.49	20
24	19.99[efghijk]	23.93	15.12	1.50	7.52	13.58[b]	18.20	9.46	1.34	9.84	1.50[j]	2.01	1.08	0.13	8.47	49
25	19.58[defghijk]	26.79	12.87	1.35	6.90	11.89[a]	20.17	7.96	0.85	7.11	1.68[k]	2.25	1.01	0.14	8.26	180
26	21.12[klmn]	23.61	17.46	1.51	7.14	19.99[lmn]	22.34	16.79	1.54	7.68	1.06[abcde]	1.22	0.95	0.06	5.95	20
27	19.93[efghijk]	22.45	16.91	1.49	7.49	16.16[cdefg]	18.21	12.74	1.34	8.27	1.24[ghi]	1.44	0.96	0.11	8.62	20
28	19.00[bcdefghi]	24.73	14.30	2.06	10.85	16.96[defghij]	21.32	13.19	2.08	12.27	1.13[bcdefg]	1.42	0.93	0.12	10.85	30
29	19.79[defghij]	26.69	15.66	1.69	8.55	15.73[cde]	19.03	12.22	1.27	8.08	1.26[hi]	1.86	1.04	0.11	8.82	80
30	18.42[abcdef]	20.94	15.68	1.42	7.71	17.34[efghijk]	21.42	14.32	1.53	8.81	1.07[abcde]	1.22	0.91	0.07	6.65	20
31	22.46[n]	24.86	20.48	1.29	5.74	15.45[cd]	17.23	13.68	1.06	6.86	1.46[j]	1.58	1.34	0.06	4.38	20
32	18.84[abcde]	21.78	14.62	1.43	7.56	17.54[efghijk]	21.42	12.07	1.44	8.19	1.08[abcde]	1.35	0.84	0.08	7.69	60
33	19.83[efghijk]	21.78	17.02	1.01	5.12	17.88[ghijk]	21.42	14.16	1.58	8.81	1.11[bcde]	1.30	0.91	0.08	7.55	20
34	18.04[abcd]	22.62	14.08	1.78	9.89	17.06[efghij]	21.37	14.09	1.46	8.54	1.06[abcde]	1.28	0.81	0.11	10.09	60
35	20.55[ijkl]	24.04	16.24	1.91	9.30	17.93[hijk]	20.88	13.72	1.53	8.54	1.16[cdefg]	1.44	0.86	0.15	13.25	30
36	18.63[abcdefgh]	22.5	13.84	1.92	10.32	17.78[fghijk]	21.34	13.45	1.87	10.51	1.05[abcd]	1.25	0.86	0.09	8.76	30
37	31.69[o]	35.04	24.65	2.43	7.67	17.86[ghijk]	20.97	14.53	1.76	9.86	1.78[l]	2.31	1.56	0.16	8.97	30
38	18.46[a]	20.64	15.27	1.36	7.38	17.29[defgh]	19.48	15.52	1.04	6.02	1.07[abc]	1.25	0.89	0.06	6.02	50
39	20.67[ijkl]	23.33	18.00	0.93	4.52	18.69[jkl]	21.09	15.77	1.40	7.50	1.11[bcde]	1.34	0.96	0.10	9.16	30
40	17.54[ab]	20.42	11.78	1.80	10.29	16.65[defghi]	20.91	12.28	1.51	9.09	1.06[abcde]	1.24	0.81	0.09	8.93	47
41	22.16[mn]	25.48	17.78	1.50	6.77	18.95[klm]	20.83	15.67	1.16	6.14	1.17[defgh]	1.42	1.03	0.09	7.85	30
42	19.62[defghijk]	24.70	14.76	2.02	10.29	17.69[fghijk]	21.61	15.53	1.44	8.15	1.11[bcde]	1.26	0.91	0.08	7.54	30
43	19.48[defghijk]	21.79	16.01	1.30	6.68	18.14[hijk]	21.46	13.25	1.74	9.60	1.08[bcde]	1.42	0.91	0.11	10.16	30
平均值	19.97	23.65	15.77	1.53	7.72	17.35	21.09	13.77	1.40	8.11	1.17	1.46	0.94	0.10	8.41	—
平均变异系数(%)					10.08					11.21					14.48	

注：列中不同字母表示 $p<0.05$。站点位置参见表4-1。

方差分析表明，栓皮栎种子的长、宽、长宽比在不同居群间存在较大差异（$p<0.01$）（表4-3）。从变异系数来看，栓皮栎种子群体内各指标的平均变异幅度（CV）较小（7.72%～8.41%）。栓皮栎种子种子长度、种子宽度和种子长宽比在种群间差异较大。不同居群间种子宽度、种子长度、种子长宽比的平均变异系数分别为11.21%、10.08%、14.48%（表4-2）。

栓皮栎种子宽度与种子长度呈极显著相关（$R^2=0.17$，$p<0.000\ 1$）（图4-1）。这种关系表明，种子宽度和种子长度的变化具有相互适应的协同变化特征。

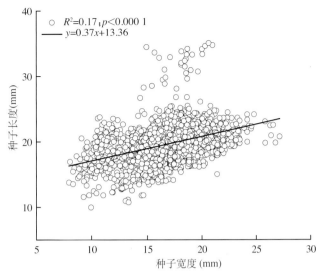

图4-1　栓皮栎的种子宽度与种子长度的关系

表4-3　栓皮栎43个居群的种子宽度、种子长度和种子长宽比的方差分析

指标	差异来源	离差平方和	自由度	均方	F值	p
	群体间	7 183	42	171.015	39.28	<0.001
种子长度（SL）	群体内	10 232	2 350	4.354		
	合计	17 415	2 392			
	群体间	11 452	42	272.667	67.70	<0.001
种子宽度（SW）	群体内	9 464	2 350	4.027		
	合计	20 916	2 392			
	群体间	84	42	2.009	105.42	<0.001
种子长宽比	群体内	45	2 350	0.019		
	合计	129	2 392			

4.1.2.2　栓皮栎种子形态变化规律与环境因子的关系

栓皮栎种子各种形态指标与生态因子相关性分析结果见图4-2。种子长度和等效纬度呈"凹"字形变化趋势（$R^2=0.12$；$p=0.029$；$y=0.016x^2-1.1x+37.94$），在33°N～35°N出现最小值（图4-2A）。种子长度也随经度呈"凹"字形变化趋势（$R^2=0.43$；$p<0.000\ 1$；$y=0.014x^2-3.19x+198.26$），在111°E～113°E出现最小值（图4-2B）。种子长宽比与等效纬度不相关，但与经度呈"凹"字形变化趋势（$R^2=0.12$；$p=0.027$；$y=0.000\ 1x^2-0.15x+9.55$），在111°E～113°E出现最小值（图4-2B）。种子宽度与纬度或经度都不相关。

种子长度和年平均气温呈"凹"字形变化趋势（$R^2=0.16$；$p=0.013$；$y=0.096x^2-2.65x+37.58$），在13.46～14.65℃达到最小值（图4-2C）。种子长宽比和年平均气温也呈"凹"字形变化趋势（$R^2=0.17$；$p=0.01$；$y=0.009x^2-0.24x+2.69$），在12.93～13.72℃处达到最小值

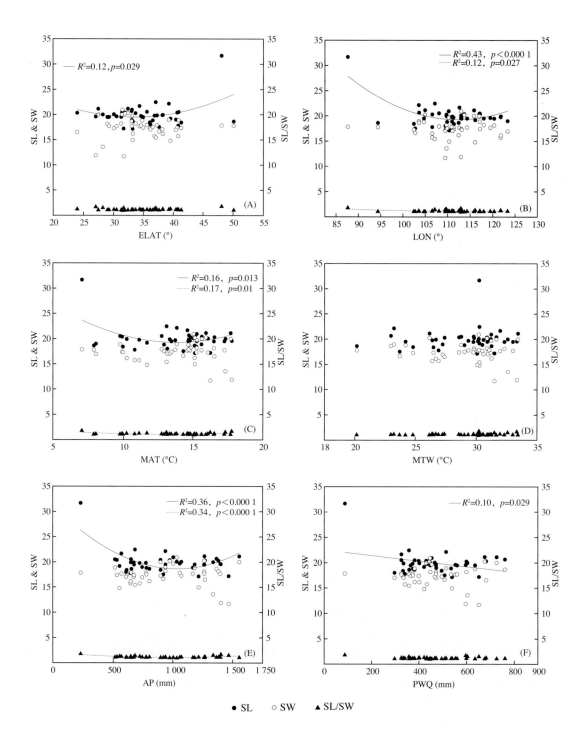

图4-2 栓皮栎43个种群种子宽度（SW）、种子长度（SL）、种子长宽比（SL/SW）与地理和气候因素的关系

注：AP表示年降水量，ELAT表示等效纬度，LON表示经度，MAT表示年平均气温，MTW表示最暖月最高气温，PWQ表示最湿季降水量

（图4-2C）。种子长度和长宽比与最热月最高温度不相关，种子宽度与年平均气温或最热月最高温度不相关。

种子长度和年降水量呈"凹"字形变化趋势（$R^2=0.36$；$p<0.000\ 1$；$y=0.000\ 1x^2-0.024x+31.29$），在974 ~ 1 071mm处达到最小值（4-2E）；种子长宽比和年降水量呈"凹"字形变化趋势（$R^2=0.34$；$p<0.000\ 1$；$y=0.000\ 1x^2-0.002x+2.02$），在939 ~ 1 004mm处达到最小值（图4-2C）。种子长度与最湿季节降水量呈负相关（$R^2=0.10$；$p=0.029$；$y=-0.005x+22.53$）（图4-2F）。但种子宽度与最湿季节的年降水量和降水量没有相关性。种子长宽比与最湿季节降水量也无相关性。

4.1.2.3 种子形态的主要成分分析

栓皮栎种子形态主成分分析（PCA）（图4-3）表明，99.60%的总方差由前两个主成分解释，其中第一主成分贡献率为57.57%，第二主成分贡献率为42.03%。43个栓皮栎种群的种子形态分为5组。第1组包括辽宁省辽阳市和湖北省荆山市等29个种群，第2组包括湖北省巴东县和恩施市的其他3个种群，第3组包括河南省桐柏县、江西省南昌市等5个种群，第4组仅由陕西省宝鸡市和新疆乌鲁木齐市2个种群组成。其中，第5组种子最大，第3组、第4组和第1组次之，第2组种子最小。

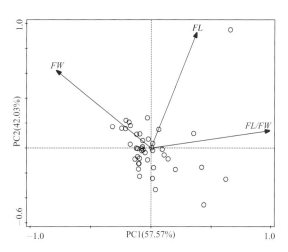

图4-3　基于种子形态特征的43种栓皮栎PCA排序图

4.1.3　结论与讨论

4.1.3.1　栓皮栎种子的形态特征

栓皮栎种子的平均长度和宽度能够保持稳定。在本研究中，我们计算了所有种子长度和宽度的总体平均值。栓皮栎种子宽度平均为（17.35±1.40）mm，种子长度平均为（19.97±1.53）mm，这些总体平均值与前人的研究一致。为了进一步评价栓皮栎种子形态在同一属中的位置，我们将其与其他栎属种子进行比较。发现栓皮栎种子的长度与麻栎、蒙古栎相近，比辽东栎稍长；宽度上与麻栎相近，大于蒙古栎和辽东栎。因此，在同一属的植物中，栓皮栎种子较大。

种子的形态有相当大的差异，但同一属的植物可以保持相似的种子形态。本文研究表明栓皮栎种子平均长宽比的变化范围为0.96 ~ 1.78mm。陈益泰等研究表明弗吉尼亚栎种子长宽比的变化范围为1.193 ~ 1.927mm。厉月桥等研究表明蒙古栎种子长宽比为1.21 ~ 1.49mm。这些结果与我们的数据相似。栎属种子长宽比的变化较小。

本研究中，栓皮栎种子宽度和长度在不同种群间表现出显著差异（表4-3）且种子宽度与长度呈正相关（图4-1：$R^2=0.17$，$p<0.000\ 1$）。因此，对于不同居群的栓皮栎，种子宽度和长度是可变的，但这种变化是协同的，并且在不同居群间变异较小。本研究中，不同居群间种子宽度和种子长度的变异系数分别为11.21%和10.08%。本研究结果与周旋等[48]的研究结果一致。表明栓皮栎种子的长度和宽度变化稳定。

PCA分析表明，种子长度是影响不同居群种子形态的主要因素。因此，可以用种子长度作为区分不同居群的依据。主成分分析结果表明，栓皮栎种子形态和大小可分为5个类群，其中以湖北、河南、安徽、新疆、陕西、江西、贵州和云南的种子种群数量最多（图4-3）。这一发现与周旋等的研究结果一致。因此，栓皮栎种子的形态特征和分布相对稳定，同一地区栓皮栎种子长度相近。

4.1.3.2　物种变化的模式和原因

地理因素对植物种子形态变化有影响。栓皮栎种子宽度和种子长度受生态因子影响的变化趋势表现为种子形态特征（种子宽度、种子长度和种子长宽比）的规律性变化。此外，种子长宽比受经度、年平均气温、年降水量的影响呈"凹"字形变化趋势，与种子长度一致。这表明栓皮栎种子长宽比和种子长度在不同环境条件下存在协同变化。

栎属植物的早期研究表明，表型变异与当地环境因子有关，与温度或降水量密切相关。随着环境因子的变化，栓皮栎的表型性状随之发生变化。我们发现这些表型性状与环境因子之间有各种相关模式。当年平均降水量大于1 000mm时，种子长度随年降水量的增加而增加（图4-2E），结果与舒枭等的研究结果一致。此外，当温度低于13℃时，种子长度随年平均气温的升高而降低（图4-2C），这一发现与林玲、段二龙、罗建的研究结果一致。同时，闫兴富等报道辽东栎大种子幼苗比小种子幼苗对干旱胁迫的耐受性更强。在我们的研究中也观察到类似结果，其中栓皮栎的种子长度在等经纬度处呈"凹"字形变化趋势。结果表明，栓皮栎在较恶劣环境下的种子比在一般环境下的种子大，在较好环境下的种子比在一般环境下的种子多。一种可能的解释是，在更严峻的环境条件下（低温、低降水）有利于栓皮栎中较大种子的形成；在良好的环境条件下（常温和降水适量），栓皮栎种子量多，有利于形成幼苗。可以推断，在恶劣的环境条件下，栓皮栎将有较少的大种子，在一般环境下有大量的小种子，在较好的环境下有大量的大种子。

研究结果表明，最湿季栓皮栎的种子长度与降水量呈负相关，这与周旋等的前期报道一致。这种相关性可能反映了栓皮栎对气候变异性的适应。在7～9月植物种子发育期，最湿季降水量显著影响了栓皮栎种子的形态。此外，最暖月的最高温度对栓皮栎种子的形态没有显著影响，这一发现与厉月桥等的研究不一致，他们的研究认为蒙古栎种子重量和宽度与7月平均气温有很强的相关性。我们得到了不同的结论，可能是因为我们的研究范围更广，种群数量也更多。

种子大小对气候条件和地理格局的变化响应密切，为植物的迁移方向和不同环境下植物的变化趋势提供了有价值的信息。我们的数据表明，在大的地理区域上，气候与种子大小有很强的相关性。综上所述，未来气候变化将继续影响栓皮栎种子的形态，进而影响其生活史或进化轨迹。

4.2　不同家系栓皮栎种子性状

4.2.1　材料和方法

采样林分位于河南省登封林场（北纬34°35′28″，东经112°49′36″），海拔876.4m，年平均气温14.3℃，降水量640.9mm。林龄35年，平均胸径18.6cm，平均树高8.6m。

随机选择栓皮栎18株，每株间隔30m以上，分单株进行种子采样，采后用游标卡尺测定种子长度、种子宽度、换算出每粒种子的长宽比。使用SPSS26.0进行描述统计及方差分析。

4.2.2 结果与分析

研究发现（表4-4），栓皮栎的种子长度为13.97～26.80mm，平均值为19.320mm，群体的变异系数为9.43%，株内变异系数达5.73%～13.09%；由表4-5得到，栓皮栎的种子宽度为12.57～21.33mm，平均值为17.380mm，群体的变异系数为10.45%，株内变异系数达4.39%～17.31%；由表4-6可知，栓皮栎的种子长宽比为0.82～1.61mm，平均值为1.119mm，群体的变异系数为10.54%，株内变异系数达5.44%～14.10%；方差分析得到种子长度、种子宽度及种子长宽比在单株间均存在极显著差异（表4-7）。

表4-4　登封地区18株栓皮栎种子长度变异统计

单株	种子数量（粒）	最小数（mm）	最大值（mm）	平均值（mm）	标准差	变异系数（%）
1	20	14.94	20.95	18.438	1.456	7.90
2	20	14.51	22.63	19.815	2.017	10.18
3	20	13.97	21.72	18.443	1.770	9.60
4	20	15.99	23.08	19.004	1.608	8.46
5	20	17.83	22.98	20.223	1.215	6.01
6	20	16.15	22.13	19.617	1.350	6.88
7	20	18.24	26.80	20.563	1.910	9.29
8	20	18.21	22.23	20.623	1.182	5.73
9	20	15.53	22.20	18.102	1.700	9.39
10	20	16.04	21.99	19.538	1.419	7.26
11	20	14.95	23.77	18.366	2.404	13.09
12	20	14.86	21.41	18.578	1.863	10.03
13	19	14.86	22.64	19.194	2.121	11.05
14	20	15.56	21.90	19.925	1.433	7.19
15	20	15.33	21.63	19.270	1.673	8.68
16	20	15.27	23.90	19.348	2.018	10.43
17	20	15.45	22.63	19.043	1.824	9.58
18	20	18.15	23.16	19.649	1.247	6.35
群体汇总	359	13.97	26.80	19.320	1.822	9.43

表4-5　登封地区18株栓皮栎种子宽变异统计

单株	种子数量（粒）	最小数（mm）	最大值（mm）	平均值（mm）	标准差	变异系数（%）
1	20	14.36	20.97	17.396	1.638	9.42
2	20	14.84	20.04	17.341	1.302	7.51
3	20	13.07	19.54	16.479	1.626	9.87
4	20	14.69	19.29	16.719	1.316	7.87
5	20	17.19	21.15	19.149	1.180	6.16
6	20	16.36	20.16	18.279	1.140	6.24
7	20	17.22	20.16	18.864	0.828	4.39
8	20	14.11	19.51	17.518	1.169	6.67
9	20	12.57	20.29	17.603	2.328	13.23
10	20	13.65	19.92	16.373	1.696	10.36
11	20	14.06	20.19	16.462	1.650	10.02
12	20	13.14	21.30	17.037	1.757	10.31
13	19	14.14	21.00	18.222	1.669	9.16
14	20	12.89	21.16	15.977	2.765	17.31
15	20	14.16	20.40	17.521	1.571	8.97
16	20	13.57	19.54	16.765	1.864	11.12
17	20	15.29	21.27	17.937	1.498	8.35
18	20	15.21	21.33	17.284	1.605	9.29
群体汇总	359	12.57	21.33	17.380	1.816	10.45

表4-6　登封地区18株栓皮栎种子长宽比变异统计

单株	种子数量（粒）	最小数（mm）	最大值（mm）	平均值（mm）	标准差	变异系数（%）
1	20	0.88	1.35	1.067	0.116	10.86
2	20	0.98	1.36	1.142	0.086	7.53
3	20	0.98	1.30	1.123	0.091	8.07
4	20	0.99	1.27	1.139	0.074	6.47
5	20	0.94	1.15	1.059	0.058	5.44
6	20	0.82	1.22	1.077	0.090	8.38
7	20	0.94	1.44	1.092	0.099	9.03
8	20	1.01	1.33	1.180	0.071	6.05
9	20	0.84	1.30	1.039	0.115	11.11
10	20	1.04	1.36	1.201	0.103	8.61
11	20	0.93	1.35	1.120	0.132	11.76
12	20	0.90	1.26	1.095	0.104	9.50

单株	种子数量（粒）	最小数（mm）	最大值（mm）	平均值（mm）	标准差	变异系数（%）
13	19	0.92	1.21	1.054	0.085	8.06
14	20	1.01	1.61	1.273	0.179	14.10
15	20	0.85	1.27	1.106	0.094	8.53
16	20	0.95	1.48	1.165	0.158	13.59
17	20	0.87	1.21	1.064	0.083	7.78
18	20	1.00	1.37	1.142	0.089	7.77
群体汇总	359	0.82	1.61	1.119	0.118	10.54

表4-7 登封地区18株栓皮栎种子表型性状方差分析

指标	变异来源	离差平方和	自由度	均方	F值	p值
种子高	组间	191.970	17	11.292	3.863	<0.001
	组内	996.871	341	2.923		
种子直径	组间	255.837	17	15.049	5.551	<0.001
	组内	924.442	341	2.711		
种子高径比	组间	1.211	17	0.071	6.374	<0.001
	组内	3.812	341	0.011		

4.2.3 结论与讨论

来自18个单株的359个栓皮栎种子长度、宽度及长宽比三个性状在不同个体间均存在变异，且不同单株种子表型性状的变异程度不同。其中，种子长宽比变异幅度最大，种子长度变异幅度最小，表明种子长度变异程度低，该性状更加稳定。

三种表型性状在组间和组内的差异达均到极显著水平，说明栓皮栎的种子形态不仅在单株之间存在显著差异，同一单株的不同个体间也有较大差异。基因型和环境等因素的影响使得栓皮栎种子形态存在较大差异，这对栓皮栎优树选择有一定的指导作用。

4.3 不同产地栓皮品质差异调查

栓皮栎木栓层发达，是我国生产软木的主要材料。栓皮栎喜光，幼苗耐阴，萌芽能力强，深根性，根系发达，适应性强，抗风、抗旱、耐火、耐瘠薄，在酸性、中性以及钙质土壤中均能生长良好。

栓皮栎软木取自栓皮栎的周皮部分，是周皮里的次生保护组织。木栓形成层在树木的生长发育过程中，向外和向内分别发育形成栓外层、木栓形成层和栓内层，栓外层就是我们所需的软木部分。软木是死亡的木栓化细胞构成的保护层，软木不含木质素和淀粉，所以软木并不是木材，在生物学上认为是木栓，一般也称为栓皮。

软木作为一种生物质材料，其特殊的细胞构造使其具有质量轻、防水、防潮、隔热等优良特性。栓皮栎软木由薄壁细胞组成，薄壁细胞一般为内部中空的细胞，且细胞之间排列紧密。软木细胞的三切面排列大多都为多边形，但不同切面上细胞的排列方式有所差异。软木细胞在弦切面上一般为3个多边形的细胞相交于一点，类似蜂窝状，在横切面和径切面上，细胞的排列方式比较相似，细胞也为多边形且排列整齐，似砖墙状。径向细胞成行排列，排列的方向为平行于树木生长的方向，横向细胞也成行排列，排列的方向平行于径向细胞。栓皮栎的软木具有中空且紧密排列等特性，其密低度、不透水，而且软木细胞基本上都是封闭型细胞，别的物质不易渗透到软木中。

软木在17世纪被用作红酒和葡萄酒产业的瓶塞，这是软木行业发展的一大进步。之后，软木行业不断发展，软木可以直接加工用于生产软木工艺品等。又可以将其粉碎为一定大小的颗粒后进行加工再，如软木地板、软木墙饰材料、软木垫等。此外，软木在航天工业和建筑工业的利用也越来越多。

栓皮栎不仅是我国生产软木的主要树种，在世界范围内也被广泛应用。葡萄牙是目前世界上生产和加工软木的主要国家，其软木生产量占世界软木生产量的一半以上，但是葡萄牙栓皮栎森林面积只占世界栓皮栎森林面积的30%左右。由此可见，葡萄牙栓皮栎软木的质量较高，其生产、加工工艺也都较成熟。

一些红酒产业较多的欧洲国家，由于软木塞的需要，对软木的研究较多。国外的软木主要来源于栓皮槠（*Quercus suber*）。栓皮槠又称为欧洲栓皮栎，原产于地中海地区。栓皮槠软木具有密度低、隔水、隔热、不导电等优良特性，被广泛应用于各行各业中。软木取自栓皮栎或栓皮槠的树皮部分，而树皮是可再生资源，在现代资源和能源利用紧张的时代，对于既无污染又节能环保并且可再生的能源，我们要加大研究力度，开发新型节能环保的原料，促进我国工业原料和新型材料等产品的发展。

栓皮栎是我国古代较早开始经营和栽培的主要树种之一，安徽大别山、陕西秦岭、河南伏牛山、桐柏山，以及鄂西、川东一带等是栓皮栎的核心产区，以秦岭山区的软木原料质量最佳，这些地区气候和土壤都比较适合栓皮栎的生长，并且分布着许多栎类林场。生长在不同地区的栓皮栎受当地气候、土壤、植被、环境等因子的影响，软木的物理性质可能存在差异。通过收集、测量不同地区栓皮栎软木的物理性质，对比研究不同地区栓皮栎软木之间存在的差异，可为后期全国范围内栓皮栎统筹调运提供依据。

4.3.1 材料和方法

4.3.1.1 研究材料

收集不同栓皮栎主产区的栓皮栎软木资源（表4-8），共14个地区的栓皮栎软木原料。每个收集地点选择3棵适合采集的栓皮栎树，一般在6～8月进行采集，因为此时的树皮最易分离。在树距离地面1.2～1.5m处做好标记，用手锯分别在标记的上沿和下沿锯出裂缝，注意拉锯时的力度和声音，用小斧头从上往下砍出缝槽，将木屑均匀从缝槽中用力撬开即得到完整的栓皮。将采集的样品带回实验室平铺后自然阴干。将每个地区3种不同的样品分别取3份做对照实验。将取得的样品打磨成2cm×2cm×1cm的木块，以便后期进行数据测量。

表4-8　软木采集地区经纬度

序号	地区	经度（°）	纬度（°）
1	陕西省宝鸡市	107.5	34.38
2	福建省三明市	117.6	26.27
3	山东省临沂市沂蒙山	118.35	35.05
4	安徽省滁州市	118.31	32.33
5	重庆市城口县	108.67	31.95
6	河南省洛阳市栾川县	111.6	33.81
7	河北省石家庄市	114.52	38.05
8	河南省三门峡卢氏县	111.03	34.06
9	湖北省恩施市	109.47	30.30
10	山西省运城市夏县	111.22	35.15
11	河北省石家庄市赞皇县	114.38	37.67
12	河南省三门峡陕州区	111.19	34.76
13	河南省三门峡加工厂	111.19	34.76
14	甘肃省天水市	105.72	34.58

4.3.1.2　软木密度测定

将处理好的栓皮栎软木块在分析天平上称重，获得栓皮栎软木块的气干质量，将获得的数据与对应的编号记录好。

再用排水法测量栓皮栎软木块的体积，在测量栓皮栎软木块体积之前，必须将栓皮栎软木块的表面处理的干净、光滑，可以用砂纸打磨。将栓皮栎软木块用针固定好，放进盛有水的量筒中，用木块放进去后的体积减去量筒中原有的体积即为栓皮栎软木的体积。

将测量过体积的栓皮栎软木块在120℃的温度下烘干12小时后取出，并尽快对其进行第二次称重。记录第二次称量所获得的数据。

根据密度＝质量÷体积，计算出不同产地栓皮栎软木的气干密度和绝干密度。

4.3.1.3　软木含水率测定

利用前期测量指标结果，根据含水率＝（烘干前质量－烘干后质量）÷烘干前质量×100%，求出不同产地栓皮栎软木的含水率。

4.3.1.4　软木硬度测定

用TH160里氏硬度计测量软木块的硬度。每个软木块用TH160里氏硬度计测量5次横向硬度和纵向硬度，取其平均值。

4.3.1.5　软木厚度测定

在获得的栓皮栎软木的原材料上选取分布均匀的5个地方，用游标卡尺测量其厚度，结果取平均值。

4.3.1.6　软木裂缝指标测定

在获得的栓皮栎软木的原材料的内面，选取裂缝分布均匀的5个地方，用游标卡尺测量其长度并做好记录。

4.3.1.7　数据处理

用SPSS26.0软件对数据进行描述性统计和方差分析，分析对比不同产地之间的差异性。

4.3.2　结果与分析

4.3.2.1　气干密度

根据表4-9可知，福建省三明市的软木气干密度的平均值最大，为0.388g/cm³，甘肃省天水市的软木气干密度的平均值最小，为0.241g/cm³，气干密度的取值范围为0.182～0.418g/cm³。甘肃省天水市的变异系数最大，河北省石家庄市的变异系数最小。根据表4-10可知，$p < 0.05$，所以栓皮栎软木的气干密度与不同产地之间差异显著。结合表4-9和表4-10可知，福建省三明市与重庆市城口县之间不存在显著差异。山东省临沂市沂蒙山与安徽省滁州市、河南省洛阳市栾川县、河南省三门峡卢氏县、湖北省恩施市、山西运城夏县之间均不存在显著差异。河北省赞皇县与甘肃省天水市之间存在显著差异。

表4-9　不同产地栓皮栎软木气干密度描述性统计

地区	个案数	平均值（g/cm³）	变异系数（%）	取值范围（g/cm³）
陕西省宝鸡市	9	0.296±0.045c	0.142	0.234～0.358
福建省三明市	9	0.388±0.021a	0.052	0.347～0.418
山东省临沂市沂蒙山	9	0.338±0.046bc	0.129	0.272～0.403
安徽省滁州市	9	0.335±0.042bc	0.120	0.283～0.403
重庆市城口县	9	0.359±0.030ab	0.078	0.308～0.408
河南省洛阳市栾川县	9	0.332±0.056bc	0.160	0.257～0.426
河北省石家庄市	9	0.293±0.016cd	0.050	0.264～0.314
河南省三门峡卢氏县	9	0.324±0.030bc	0.089	0.281～0.367
湖北省恩施市	9	0.322±0.035bc	0.104	0.271～0.369
山西省运城市夏县	9	0.292±0.056bcd	0.181	0.241～0.375
河北省赞皇县	9	0.297±0.056c	0.179	0.224～0.386
河南省三门峡州区	9	0.243±0.030de	0.116	0.213～0.312
河南省三门峡加工厂	9	0.313±0.039c	0.118	0.269～0.369
甘肃省天水市	9	0.241±0.051e	0.200	0.182～0.316

注：同一列中若含有相同字母则表示无差异，若字母不同则表示存在差异（$p < 0.05$）。后同。

表4-10　不同产地栓皮栎软木气干密度方差分析结果

指标	变异来源	离差平方和	自由度	均方	F值	p值
	组间	0.188	13	0.014	8.362	<0.001
气干密度	组内	0.194	112	0.002		
	总计	0.383	125			

4.3.2.2　绝干密度

根据表4-11可知，福建省三明市的栓皮栎软木的绝干密度最大，为0.364g/cm³，河南省三门峡陕州区的栓皮栎软木的绝干密度最小，为0.222g/cm³，绝干密度的取值范围在0.203～0.394g/cm³之间。甘肃省天水市的变异系数最大，河北省石家庄市的变异系数最小。根据表4-12可以得知，$p < 0.05$，绝干密度与栓皮栎软木之间存在显著差异。结合表4-11和表4-12可以得知，福建省三明市、陕西省宝鸡市、河南省三门峡陕州区之间均存在显著差异。河北省石家庄市、山西省运城市夏县、河北省赞皇县、河南省三门峡加工厂之间均不存在显著差异。

表4-11　不同产地栓皮栎软木绝干密度描述性统计

地区	个案数	平均值（g/cm³）	变异系数（%）	取值范围（g/cm³）
陕西省宝鸡市	9	0.278±0.038c	0.130	0.223～0.339
福建省三明市	9	0.364±0.024a	0.061	0.320～0.394
山东省临沂市沂蒙山	9	0.322±0.043abc	0.125	0.260～0.380
安徽省滁州市	9	0.317±0.039cd	0.116	0.269～0.379
重庆市城口县	9	0.341±0.028ab	0.078	0.292～0.387
河南省洛阳市栾川县	9	0.313±0.053bc	0.161	0.246～0.402
河北省石家庄市	9	0.277±0.016c	0.055	0.252～0.300
河南省三门峡卢氏县	9	0.309±0.029bc	0.087	0.269～0.348
湖北省恩施市	9	0.306±0.033bc	0.103	0.258～0.350
山西省运城市夏县	9	0.276±0.052c	0.177	0.229～0.352
河北省赞皇县	9	0.284±0.054c	0.180	0.213～0.370
河南省三门峡陕州区	9	0.222±0.017d	0.071	0.203～0.242
河南省三门峡加工厂	9	0.287±0.038c	0.126	0.238～0.349
甘肃省天水市	9	0.228±0.050d	0.206	0.167～0.302

表4-12　不同产地栓皮栎软木绝干密度方差分析结果

指标	变异来源	离差平方和	自由度	均方	F值	p值
	组间	0.178	13	0.014	9.095	<0.001
绝干密度	组内	0.168	112	0.002		
	总计	0.346	125			

4.3.2.3 含水率

根据表4-13可知,河南省三门峡陕州区的栓皮栎软木的含水率最高,为0.081%,河北省赞皇县的栓皮栎软木的含水率最低,为0.042%,含水率为0.036%～0.236%。河南省三门峡加工厂的变异系数最大,河北省赞皇县的变异系数最小。根据表4-14可知,$p > 0.05$,栓皮栎软木的含水率与不同产地之间不存在显著差异。

表4-13　不同产地栓皮栎软木含水率描述性统计

地区	个案数	平均值(%)	变异系数(%)	取值范围(%)
陕西省宝鸡市	9	0.059a	0.413	0.048～0.129
福建省三明市	9	0.061a	0.236	0.040～0.089
山东省临沂市蒙山县	9	0.047a	0.114	0.039～0.058
安徽省滁州市	9	0.053a	0.074	0.049～0.060
重庆市城口县	9	0.051a	0.064	0.044～0.055
河南省洛阳市栾川县	9	0.059a	0.226	0.046～0.094
河北省石家庄市	9	0.053a	0.256	0.044～0.089
河南省三门峡卢氏县	9	0.045a	0.101	0.040～0.052
湖北恩施市	9	0.050a	0.069	0.043～0.055
山西省运城市夏县	9	0.054a	0.089	0.046～0.062
河北省赞皇县	9	0.042a	0.056	0.038～0.045
河南省三门峡州区	9	0.081a	0.818	0.042～0.236
河南省三门峡加工厂	9	0.080a	0.893	0.036～0.252
甘肃省天水市	9	0.055a	0.246	0.042～0.048

表4-14　不同产地栓皮栎软木含水率方差分析结果

指标	变异来源	离差平方和	自由度	均方	F值	p值
含水率	组间	0.015	13	0.001	1.338	0.202
	组内	0.099	112	0.001		
	合计	0.114	125			

4.3.2.4 横向硬度

根据表4-15可知,甘肃省天水市栓皮栎软木的横向硬度的平均值最大,为548.560HA,山西省运城市夏县的栓皮栎软木的横向硬度的平均值最小,为414.330HA,横向硬度的取值范围是268.000～614.000HA。山西省运城市夏县的变异系数最大,福建省三明市的变异系数最小。根据表4-16可知,$p < 0.05$,栓皮栎软木的横向硬度与不同产地之间存在显著差异。结合表4-15和表4-16可以得知:甘肃省天水市与重庆市城口县、河南省洛阳市栾川县、山西省运城市夏县、河南省三门峡加工厂之间均存在显著差异,陕西省宝鸡市、福建省三明

市、安徽省滁州市之间不存在显著差异。两两之间存在显著差异的地区不多。

表4-15　不同产地栓皮栎软木横向硬度描述性统计

地区	个案数	平均值（HA）	变异系数（%）	取值范围（HA）
陕西省宝鸡市	9	492.780±85.029abc	0.163	366～605
福建省三明市	9	510.220±35.576ab	0.066	485～598
山东省临沂市沂蒙山	9	476.220±52.254abc	0.103	409～545
安徽省滁州市	9	491.110±50.211abc	0.096	400～564
重庆市城口县	9	451.330±58.259bc	0.122	371～542
河南省洛阳市栾川县	9	433.560±77.429bc	0.168	295～532
河北省石家庄市	9	506.110±54.318ab	0.101	440～588
河南省三门峡卢氏县	9	489.110±86.828abc	0.167	325～603
湖北省恩施市	9	478.780±48.672abc	0.096	387～553
山西省运城市夏县	9	414.330±92.908bc	0.211	268～558
河北省赞皇县	9	495.000±86.935ab	0.166	368～599
河南省三门峡陕州区	9	502.110±42.372ab	0.080	425～565
河南省三门峡加工厂	9	460.560±68.019bc	0.139	314～526
甘肃省天水市	9	548.560±56.788a	0.098	457～614

表4-16　不同产地栓皮栎软木横向硬度方差分析结果

指标	变异来源	离差平方和	自由度	均方	F值	p值
	组间	135 001.524	13	10 384.733	2.352	0.008
横向硬度	组内	494 540.444	112	4 415.540		
	合计	629 541.968	125			

4.3.2.5　纵向硬度

根据表4-17可知，陕西省宝鸡市栓皮栎软木纵向硬度的平均值最大，为584.560HA，甘肃省天水市的栓皮栎软木的纵向硬度的平均值最小，为428.110HA，纵向硬度的取值范围在240.000～687.000HA。湖北省恩施市的变异系数最大，福建省三明市的变异系数最小。根据表4-18可知，$p > 0.05$，不同地区与栓皮栎软木的纵向硬度之间不存在显著差异。

表4-17　不同产地栓皮栎软木纵向硬度描述性统计

地区	个案数	平均值（HA）	变异系数（%）	取值范围（HA）
陕西省宝鸡市	9	584.560±117.912a	0.190	287～686
福建省三明市	9	515.110±43.097a	0.079	432～587
山东省临沂市沂蒙山	9	499.220±155.114a	0.293	279～626

地区	个案数	平均值（HA）	变异系数（%）	取值范围（HA）
安徽省滁州市	9	482.890±170.725a	0.333	289～687
重庆市城口县	9	477.670±99.536a	0.196	317～606
河南省洛阳市栾川县	9	432.330±155.215a	0.338	240～649
河北省石家庄市	9	442.440±92.765a	0.198	286～546
河南省三门峡卢氏县	9	503.560±48.161a	0.090	435～590
湖北省恩施市	9	474.000±174.121a	0.346	252～676
山西省运城市夏县	9	475.220±128.205a	0.254	279～608
河北省赞皇县	9	462.560±149.551a	0.305	268～648
河南省三门峡陕州区	9	547.440±54.507a	0.094	486～660
河南省三门峡加工厂	9	534.440±93.759a	0.165	294～600
甘肃省天水市	9	428.110±125.652a	0.277	270～626

表4-18　不同产地栓皮栎软木纵向硬度方差分析结果

指标	变异来源	离差平方和	自由度	均方	F值	p值
纵向硬度	组间	233 664.762	13	17 974.212	1.195	0.292
	组内	1 684 497.111	112	15 040.153		
	合计	1 918 161.873	125			

4.3.2.6　平均硬度

根据表4-19可知，陕西省宝鸡市的栓皮栎软木的平均值的硬度最大，为538.667HA，河南省洛阳市栾川县的栓皮栎软木的硬度的平均值最小，为432.944HA，软木硬度平均值的取值范围在278.500～645.500。湖北省恩施市的变异系数最大，福建省三明市的变异系数最小。根据表4-20可知，$p > 0.05$，不同地区与栓皮栎软木的平均硬度之间不存在显著差异。

表4-19　不同产地栓皮栎软木硬度平均值描述性统计

地区	个案数	平均值（HA）	变异系数（%）	取值范围（HA）
陕西省宝鸡市	9	538.667±94.554a	0.106	326.5～645.5
福建省三明市	9	512.667±31.449a	0.039	459.5～568.5
山东省临沂市沂蒙山	9	487.722±82.251a	0.151	347.0～580.5
安徽省滁州市	9	487.000±101.356a	0.140	350.5～607.5
重庆市城口县	9	464.500±72.601a	0.069	344.0～574.0
河南省洛阳市栾川县	9	432.944±97.152a	0.142	278.5～582.5
河北省石家庄市	9	474.278±41.452a	0.122	401.0～538.0
河南省三门峡卢氏县	9	496.333±60.934a	0.058	380.0～596.5

地区	个案数	平均值（HA）	变异系数（%）	取值范围（HA）
湖北省恩施市	9	476.389±94.318a	0.166	379.0～598.0
山西省运城市夏县	9	444.778±76.019a	0.165	340.0～552.0
河北省赞皇县	9	478.778±87.672a	0.159	345.0～607.5
河南省三门峡州区	9	524.778±29.893a	0.066	490.5～567.5
河南省三门峡加工厂	9	497.500±56.095a	0.119	378.5～561.5
甘肃省天水市	9	488.333±78.379a	0.146	382.0～602.0

表4-20　不同产地栓皮栎软木硬度平均值方差分析结果

指标	变异来源	离差平方和	自由度	均方	F值	p值
	组间	94 458.325	13	7 266.025	1.277	0.237
平均硬度	组内	637 222.889	112	5 689.490		
	合计	731 681.214	125			

4.3.2.7　厚度

根据表4-21可知，山西省运城市夏县的栓皮栎厚度的平均值最大，为25.390mm，河北赞皇地区的栓皮栎厚度的平均值最小，为7.523mm，栓皮栎厚度的取值范围为5.070mm～27.180mm。陕西省宝鸡市的变异系数最大，河南省三门峡陕州区的变异系数最小。根据表4-22可知，$p < 0.05$，不同产地之间栓皮栎软木的厚度存在显著差异。结合表4-21和表4-22可知，河南省三门峡陕州区与河南省三门峡卢氏县、河北省赞皇县之间存在显著差异，陕西省宝鸡市、安徽省滁州市、重庆市城口县之间均不存在显著差异。

表4-21　不同产地栓皮栎软木厚度描述性统计

地区	个案数	平均值（mm）	变异系数（%）	取值区间（mm）
陕西省宝鸡市	3	21.277±5.132ab	0.410	16.400～26.630
安徽省滁州市	3	14.550±4.349bcde	0.257	10.310～19.000
重庆市城口县	3	14.333±1.067abcd	0.193	13.230～15.360
河南省洛阳市栾川县	3	16.190±1.629abcd	0.223	15.020～18.050
山西省运城市夏县	3	25.390±3.040abc	0.242	21.880～27.180
河北省赞皇县	3	7.523±2.786f	0.240	5.860～10.740
广西壮族自治区南宁市	3	14.993±6.480cde	0.237	10.730～22.450
山东省临沂市沂蒙山	3	16.660±5.135de	0.301	12.530～22.410
福建省三明市	3	11.080±5.917ef	0.335	5.070～16.900
湖北省恩施县	3	13.773±2.177cde	0.288	11.740～16.070
河南省三门峡卢氏县	2	18.635±2.722cd	0.156	16.710～20.560

地区	个案数	平均值（mm）	变异系数（%）	取值区间（mm）
河南省三门峡陕州区	2	20.140±4.596a	0.120	16.890～23.390
甘肃省天水市	2	13.070±4.059abdef	0.187	10.200～15.940

表4-22　不同产地栓皮栎软木厚度方差分析结果

指标	变异来源	离差平方和	自由度	均方	F值	p值
	组间	734.838	12	61.236	3.581	0.004
厚度	组内	393.319	23	17.101		
	合计	1 128.157	35			

4.3.2.8　软木裂缝

根据表4-23可知，陕西省宝鸡市栓皮栎软木裂缝的平均值最大，为58.211mm，软木的皮质好，裂距宽，河北省赞皇县的栓皮栎软木裂缝的平均值最小，为25.389mm，皮质一般，裂距窄，栓皮栎软木裂缝的取值范围在20.818～68.214mm。河南省三门峡卢氏县的变异系数最大，山东省临沂市沂蒙山的变异系数最小。根据表4-24可知，$p < 0.05$，不同地区与栓皮栎软木的裂缝之间存在显著差异。结合表4-23和表4-24可知，陕西省宝鸡市与甘肃省天水市、山东省临沂市沂蒙山之间存在显著差异，河北省赞皇县与广西省南宁市、福建省三明市、湖北省恩施市之间均不存在显著差异。软木裂缝不同地区之间两两存在显著差异的占比较小。

表4-23　不同产地栓皮栎软木裂缝描述性统计

地区	个案数	平均值（mm）	变异系数（%）	取值范围（mm）
陕西省宝鸡市	3	58.211±16.572a	0.258	39.082～68.214
安徽省滁州市	3	33.208±5.013cde	0.171	27.450～36.602
重庆市城口县	3	42.149±5.887abcde	0.163	36.264～48.038
河南省洛阳市栾川县	3	44.213±10.968abcd	0.231	36.892～56.824
山西省运城市夏县	3	44.773±9.522abc	0.217	37.788～55.620
河北省赞皇县	3	25.389±4.596e	0.221	20.818～30.010
广西省南宁市	3	30.854±3.782cde	0.289	27.094～34.658
山东省临沂市沂蒙山	3	40.003±3.953bcde	0.136	35.442～42.426
福建省三明市	3	26.803±4.245de	0.186	22.776～31.236
湖北省恩施县	3	38.113±9.258bcde	0.238	28.200～46.534
河南省三门峡卢氏县	4	45.257±12.144bcde	0.331	29.024～58.214
河南省三门峡陕州区	2	31.200±1.759ab	0.159	29.956～32.443
甘肃省天水市	3	58.211±16.572cde	0.232	39.082～68.214

表 4-24　不同产地栓皮栎软木裂缝方差分析结果

指标	变异来源	离差平方和	自由度	均方	F 值	p 值
裂缝	组间	2 901.500	11	263.773	3.429	0.006
	组内	1 845.924	24	76.914		
	合计	4 747.424	35			

4.3.3　结论与讨论

通过以上数据分析可知，栓皮栎软木的气干密度和绝干密度与不同产地有关。福建省三明市的气干密度和绝干密度都是最大的，甘肃省天水市气干密度，河南省三门峡陕州区分别是绝干密度最小。栓皮栎软木的密度受软木细胞外壁上木栓脂的影响，若木栓脂受到破坏，软木的密度会减小。因此在木材选择调运时要充分考虑木材的用途以及对密度的要求来选择适宜地区的栓皮栎软木进行利用。

不同产地的栓皮栎软木与含水率之间不存在显著差异，河南三门峡陕州区和三门峡加工厂的栓皮栎软木的含水率明显高于其他地区，而河北省赞皇县的栓皮栎软木的含水率最低。由于软木细胞中含有脂肪酸等长链聚酯，其不易溶于水，因此使得软木具有一定的防水功能。栓皮栎细胞在空气中达到平衡含水率后，细胞的吸着水越少，软木制品的防湿、防水性越好。

不同产地的栓皮栎软木横向硬度之间存在差异，但纵向硬度和平均硬度之间与产地相关性小。陕西省宝鸡市栓皮栎软木硬度的平均值最大，河南省洛阳市栾川县栓皮栎软木的平均值最小。在实际应用中栓皮栎软木的硬度越小，越能更好地被利用。栓皮栎的初生软木细胞中可能含有一定量的杂质，而杂质的硬度较大，所以也会影响软木的硬度。木材硬度在一定程度上能够反映木材的耐磨性，从而进一步影响软木的加工制作。

不同产地的栓皮栎软木的厚度之间存在差异，山西省运城市夏县的栓皮栎软木的厚度最大，陕西省宝鸡市的栓皮栎软木的厚度也较大，河北省赞皇县栓皮栎软木的厚度最小。

不同产地与栓皮栎软木的裂缝之间存在差异，陕西省宝鸡市和河南省三门峡陕州区的栓皮栎软木的皮质好，裂距宽，河北省赞皇县的栓皮栎软木的皮质差，裂距窄。

不同地区之间栓皮栎软木之间的差异可能是由于气候、降水量、温差等多种原因造成的，对栓皮栎软木的开发利用要了解不同地区之间的差异，选择更合适的栓皮栎软木资源。

4.4　栓皮栎43个家系叶片形状变异分析

由于栓皮栎分布区域较广、分布区域内环境复杂，所以不同地区的栓皮栎种群经过长期的自然选择和种群内的遗传分化，形成了遗传结构不同的地理种群，其中叶片的形状变异最为突出。为研究不同栓皮栎家系叶片形状的变异情况，笔者研究团队先通过建立栓皮栎叶面积估算模型，计算出43个栓皮栎家系叶面积数据，最后对43个栓皮栎家系叶片性状进行变异分析，掌握这些栓皮栎家系的叶片遗传变异规律。为下一步进行栓皮栎遗传多样性研究提供依据。

叶片是高等植物光合作用的主要器官，在植物生理功能中起着着重要作用。叶片面积对植物光能利用、水分蒸腾、生长和衰老、干物质积累及经济效益有着重要影响。将叶面积作为植物功能性状的重要指标，已被广泛应用于评价植物生态适应性、碳同化能力等多方面。研究表明，叶片表型性状直接影响植物体的一些生理活动及植物利用资源的能力，体现了植物为获得最大碳收获所采取的生存适应策略。叶片表型变异亦是植物遗传变异和环境互作的共同反映，叶片形态与植物营养、生理以及生态因子等密切相关，因此具有较高的研究价值。

叶面积测量的方法有多种，如方格法、称量法、图像法、打孔称重法、仪器法以及拟合法等。其中，方格法与称重法费时费力、误差大，目前应用较少。图像法精度高，但测量技术要求高，不适合大批量测定。上述方法都存在叶片面积测定速度慢、效率低的情况。为此，很多学者通过构建多种叶片面积估测模型——如西番莲属（*Passiflora*）、杉木（*Cunninghamia lanceolata*）、毛竹（*Phyllostachys edulis*）等，他们在保证实验精度的前提下简化了工作步骤，降低了工作强度，提升了科研效率。

本研究拟根据叶片形态构建叶片面积估算模型并检验，再根据模型计算43个栓皮栎家系叶片面积，通过方差分析比较不同家系差异显著性，最后通过聚类分析研究不同家系间叶片形态上的关系。研究有望建立栓皮栎叶片面积预测模型，得到栓皮栎家系间叶片遗传变异规律，为下一步进行栓皮栎遗传多样性研究提供依据。

4.4.1 材料和方法

4.4.1.1 实验林概况

试验林位于河南省信阳市平桥区，地理坐标为东经113°54′26″，北纬32°35′14″。该地区年平均气温15.1℃，1月平均气温1.9℃，7月平均气温约28℃，年降水量在900～1 200mm，降水多集中在5～9月；年平均无霜期221.4天，年平均蒸发量1 662.2mm，空气相对湿度74%，年平均日照时数2 026.7小时。试验林于2019年定植，株行距2m×1m，含55个半同胞家系，每小区30株，重复3次。2021年6月进行叶片采集，采集时树木树龄2年，平均株高0.8m，平均地径1.1cm。

4.4.1.2 叶片面积测定及栓皮栎叶片拟合方程的确定

从实验林中随机选择30个单株，每个单株选择5片叶子作为建立栓皮栎叶面积估算模型的材料，用游标卡尺测量100片叶片的叶长、叶宽；用叶面积仪精确测量100片叶片的叶面积。实际测定叶片长度记作X_1，实际测定叶片宽度记作X_2，估算叶片面积记作Y，并计算叶长×叶宽和叶长/叶宽两个组合指标。对叶片长度（X_1）、叶片宽度（X_2）先进行叶片相关指标与实际叶面积相关分析，以筛选叶片面积模型预测因子，再进行叶面积预测模型构建及检验。具体步骤如下：

（1）首先根据栓皮栎的叶片形状选择椭圆形、双三角形及正方形中两个半圆组合（后简称正方形）共计3个几何模型（表4-25），用几何计算的方法，根据所需指标初步估算叶片面积，分别记作S_1、S_2、S_3。同时再进行曲线拟合及多元线性回归，在SPSS 26.0中分别以叶长、叶宽及叶长×叶宽为自变量，筛选其他模型预测叶片面积。

（2）建立叶片实测面积与计算面积的线性回归方程，并根据方程计算经矫正过后的叶片面积。

（3）通过多样本t检验，检验矫正过的叶片面积与实测面积间的差异显著性。并选择最准确的拟合叶片面积的模型。

表4-25　栓皮栎3种叶形及其几何模型

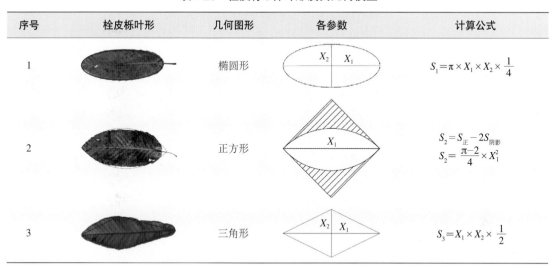

序号	栓皮栎叶形	几何图形	各参数	计算公式
1		椭圆形	X_2 X_1	$S_1 = \pi \times X_1 \times X_2 \times \dfrac{1}{4}$
2		正方形	X_1	$S_2 = S_{正} - 2S_{阴影}$ $S_2 = \dfrac{\pi-2}{4} \times X_1^2$
3		三角形	X_2 X_1	$S_3 = X_1 \times X_2 \times \dfrac{1}{2}$

4.4.1.3　43个家系叶片性状测定

采集43个栓皮栎家系的叶片，在除43号家系外的每个家系中选择15株（其中43号家系选择仅有的2个单株），每株在外部枝条中上部共采集5片叶子，带回实验室在80℃烘箱内烘干48小时，测定叶片长度、叶片宽度及叶片干重。计算该单株的5片叶子平均值，通过单因素方差分析比较不同家系间的差异显著性。43个栓皮栎家系原产地地理位置及气候条件见表4-26。

表4-26　43个栓皮栎家系原产地地理位置及气候条件

家系编号	家系原产地	东经	北纬	年降水量（mm）	年平均气温（℃）
1	湖北襄阳	112°08′7.98″	32°02′41.53″	820 ~ 1 100	15 ~ 16
2	湖北襄阳	112°08′7.98″	32°02′41.53″	820 ~ 1 100	15 ~ 16
3	湖北襄阳	112°08′7.98″	32°02′41.53″	820 ~ 1 100	15 ~ 16
4	湖北襄阳	112°08′7.98″	32°02′41.53″	820 ~ 1 100	15 ~ 16
5	湖北襄阳	112°08′7.98″	32°02′41.53″	820 ~ 1 100	15 ~ 16
6	湖北襄阳	112°08′7.98″	32°02′41.53″	820 ~ 1 100	15 ~ 16
7	湖北襄阳	112°08′7.98″	32°02′41.53″	820 ~ 1 100	15 ~ 16
8	湖北襄阳	112°08′7.98″	32°02′41.53″	820 ~ 1 100	15 ~ 16
9	湖北襄阳	112°08′7.98″	32°02′41.53″	820 ~ 1 100	15 ~ 16

家系编号	家系原产地	东经	北纬	年降水量（mm）	年平均气温（℃）
10	湖北襄阳	112°08′7.98″	32°02′41.53″	820～1 100	15～16
11	河南洛阳嵩县	112°05′8.52″	33°48′56″	800～1 200	14～15
12	河南洛阳嵩县	112°05′8.52″	33°48′56″	800～1 200	14～15
13	河南洛阳嵩县	111°53′23.67″	34°04′16.10″	800～1 200	14～15
14	河南洛阳嵩县	112°05′8.52″	33°48′56″	800～1 200	14～15
15	河南洛阳嵩县	112°05′8.52″	33°48′56″	800～1 200	14～15
16	河南洛阳嵩县	112°05′8.52″	34°08′4.24″	500～800	16
17	湖北随州市曾都区	113°07′10.31″	31°01′6.53″	900～1 000	14
18	陕西西安周至	108°19′44.05″	34°03′32.30″	699.98	13.2
19	陕西西安周至	108°19′44.05″	34°03′32.30″	699.98	13.2
20	陕西西安周至	108°19′44.05″	34°03′32.30″	699.98	13.2
21	陕西西安周至	108°19′44.05″	34°03′32.30″	699.98	13.2
22	陕西西安周至	108°19′44.05″	34°03′32.30″	699.98	13.2
23	陕西西安周至	108°19′44.05″	34°03′32.30″	699.98	13.2
24	陕西汉中	107°01′54.98″	33°04′4.22″	1 200	14
25	河南南阳南召	112°21′29.74″	33°17′17.77″	868.8	15.5
26	河南南阳南召	112°25′44.90″	33°29′23.24″	868.8	15.5
27	河南南阳南召	112°16′1.61″	33°18′47.31″	868.8	14.8
28	湖北巴东	110°20′26.70″	31°02′32.39″	1 100～1 900	16.3
29	湖北巴东	110°20′26.70″	31°02′32.39″	1 100～1 900	16.3
30	湖北巴东	110°20′26.70″	31°02′32.39″	1 100～1 900	16.3
31	河南洛阳栾川	111°27′35.53″	34°04′25.90″	872.6	13.7
32	河南洛阳栾川	111°45′42.63″	33°59′58.02″	737.9	12.4
33	河南洛阳栾川	111°41′17.25″	33°43′41.21″	872.6	13.7
34	河南信阳	114°05′4.62″	31°48′13.25″	1 118.7	23.7
35	河南信阳	113°59′42.53″	32°08′8.85″	993～1 294	15.1
36	湖北恩施建始县	109°58′49.00″	30°23′48.22″	1 300～1 400	15.8
37	安徽滁州南谯区	117°58′20.19″	32°20′45.20″	1 031	15
38	安徽滁州南谯区	117°58′20.19″	32°20′45.20″	1 031	15
39	安徽滁州南谯区	117°58′20.19″	32°20′45.20″	1 031	15
40	安徽滁州南谯区	117°58′20.19″	32°20′45.20″	1 031	15
41	安徽滁州南谯区	117°58′20.19″	32°20′45.20″	1 031	15
42	河南平顶山鲁山县	112°54′28.87″	33°44′18.74″	612～1 287	22
43	河南平顶山鲁山县	113°21′40.20″	33°44′0.07″	612～1 287	22

4.4.1.4　43个家系叶片性状的聚类分析

以43个家系为对象，以叶长、叶宽、叶片长/叶片宽，叶片长×叶片宽，叶片面积及叶片干重为指标，进行聚类分析。

4.4.1.5　统计软件及操作

使用SPSS26.0进行相关性分析、曲线拟合及多元线性回归、单因素方差分析、描述统计及聚类分析等统计分析，使用Excel 2019进行图形绘制。

4.4.2　结果与分析

4.4.2.1　栓皮栎叶面积估算模型的建立及拟合效果

对比150片叶片数据的叶长、叶宽、叶长宽比与叶面积间的相关性（表4-27），叶长、叶宽、叶长×叶宽与叶面积极显著相关，其相关系数分别为0.907、0.949和0.973，而叶面积与叶长宽比无显著相关。说明叶面积和叶长、叶宽关系非常紧密，且和叶片的组合指标间可能存在很强关联性。叶长、叶宽及叶长×叶宽拟合不同曲线结果见表4-28，结果显示不同指标、不同方程间有一定的差异，但组合指标整体优于单个指标。

表4-27　叶片性状的相关性

	叶长	叶宽	叶面积	叶长宽比
叶宽	0.844**	—	—	—
叶面积	0.907**	0.949**	—	—
叶长宽比	0.403**	−0.142	0.054	—
叶长×叶宽	0.947**	0.959**	0.973**	0.110

注：**表示极显著相关（$p<0.01$）

表4-28　叶长、叶宽及叶长×叶宽拟合不同曲线

曲线类型	R^2		
	叶长	叶宽	叶长×叶宽
线性模型	0.823	0.901	0.946
对数模型	0.780	0.878	0.893
倒数模型	0.702	0.827	0.730
二次模型	0.836	0.903	0.946
抛物线模型	0.838	0.903	0.947
复合模型	0.844	0.866	0.884
幂函数模型	0.857	0.896	0.947
S形模型	0.832	0.896	0.888
生长模型	0.844	0.866	0.884
指数的模型	0.844	0.866	0.884

6种方法得到的预测方程的结果及预测准确性见图4-4和表4-29，其决定系数为0.836～0.946，说明拟合效果较好。为进一步对比拟合方程的准确性，通过多样本t检验，检验矫正过的叶片面积与实测面积间的差异显著性，对比得出最优的栓皮栎叶面积估算模型。配对样本t检验的结果说明正方形计算方程得到的叶面积与实测叶面积可能存在显著差异（$p=0.05$），其余5种方程的与实测值间均无显著性差异（$p > 0.05$，且接近于1），且标准误低至32.829 7，使用这5种模型进行叶片面积的估算非常可靠。因此，采用测定叶长和叶宽估算叶片面积是可行并可靠的。

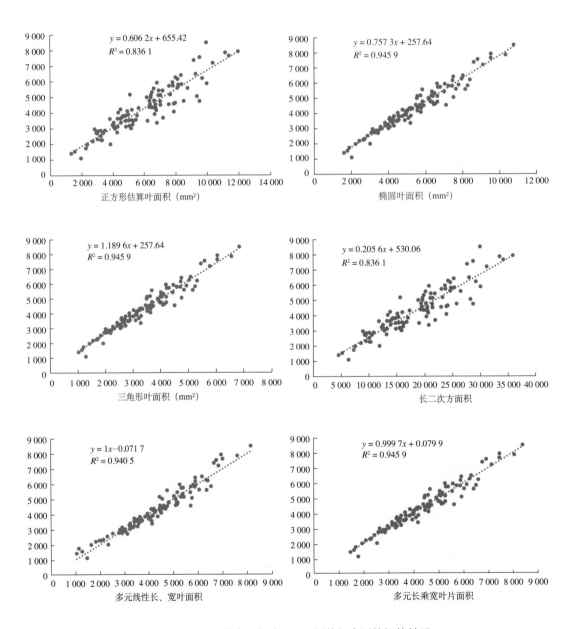

图4-4　不同方法所得叶面积预测值与实测值间的关系

表4-29 6种方法所得预测方程及准确性验证

方程来源	原几何模型	计算值与实测值间的关系			最终预测方程	样本t检验结果		
		初步计算方程	回归方程	R^2		标准误差	t值	p值
几何模型	正方形计算 $Y_1 = X_1^2(\pi-2)/4$	$Y_1 = 0.285\,4 \times x_1^2$	$Y_2 = 0.606\,2 \times Y_1 + 655.42$	$R^2 = 0.836$	$Y = 0.173 x_1^2 + 655.42$	60.794 5	-1.987	0.050
	椭圆形 $Y_1 = (x_1 \times x_2)\,\pi/4$	$Y_1 = 0.785\,4 \times x_1 \times x_2$	$Y_2 = 0.757\,3 \times Y_1 + 257.64$	$R^2 = 0.946$	$Y = 0.595 \times x_1 \times x_2 + 257.639$	32.829 7	0.007	0.995
	双三角形 $Y_1 = (x_1 \times x_2)/2$	$Y_1 = 0.5 \times x_1 \times x_2$	$Y_2 = 1.189\,6 \times Y_1 + 257.64$	$R^2 = 0.946$	$Y = 0.595 \times x_1 \times x_2 + 257.639$	34.829 7	0.003	0.997
	线性回归 $Y_1 = a\,(x_1 \times x_2) + b$	$Y_1 = 0.595 \times x_1 \times x_2 + 257.639$ a = 0.595 $(p<0.001)$ b = 257.639 $(p=0.013)$	$Y = 0.595 \times x_1 \times x_2 + 257.639$	$R^2 = 0.946$	$Y = 0.595 \times x_1 \times x_2 + 257.639$	34.829 7	0.036	0.971
参数拟合	多元线性回归 $Y_1 = ax_1 + bx_1 + c$	$Y_1 = -3574.446 + 19.568 \times x_1 + 110.032 \times x_2$ a = 19.568 $(p<0.001)$ b = 110.032 $(p<0.001)$ c = 3\,574.446 $(p<0.001)$	$Y = Y_1 - 0.072$	$R^2 = 0.940$	$Y = -3\,574.446 + 19.568 \times x_1 + 110.032 \times x_2$	36.535 9	0.002	0.999
	Quadratic 模型 $Y_1 = ax^2 + bx + c$	$Y_1 = 598.287 + 0.841 x_1^2 + 0.170 x_1$ a = 0.841 b = 0.170 c = 598.287	$Y_2 = 0.205\,6 Y_1 + 530.06$	$R^2 = 0.836$	$Y = 653.067\,8 + 0.172\,9 \times x_1^2 + 0.035 x_1$	60.626 2	-0.009	0.993

4.4.2.2 栓皮栎43个家系叶片指标差异性分析

由表4-30可知，632株栓皮栎的叶片长变异幅度为5.38～17.92cm，变异系数为17.34%；叶片宽的变异幅度为1.62～8.74cm，变异系数为20.12%；叶片干重的变异幅度为0.06～0.79，变异系数为33.94%；叶片面积的变异幅度为8.34～61.05，变异系数为30.86%。

表4-30　栓皮栎叶片描述统计（n=632）

指标	最小值	最大值	平均值±标准差	变异系数（%）
叶片长（cm）	5.38	17.92	10.53±1.82	17.34
叶片宽（cm）	1.62	8.74	3.48±0.70	20.12
叶片干重（g）	0.06	0.79	0.27±0.09	33.94
叶面积（cm²）	8.34	61.05	25.09±7.74	30.86

由表4-31可知，43个家系中叶长最大的家系为10号家系，叶长平均值为13.91cm，叶长最小的家系为21号家系，叶长平均值为7.23cm；家系内叶长的变异系数为8.90%～27.98%；43个家系中叶宽最大的家系为10号家系，叶宽平均值为4.46cm，叶宽最小的家系为21号家系，叶宽平均值为2.34cm；家系内叶宽的变异系数为8.16%～41.54%；43个家系中干重最大的家系为34号家系，干重平均值为0.39g，干重最小的家系为21号家系，干重平均值为0.15g；家系内干重的变异系数为12.84%～72.05%；43个家系中叶面积最大的家系为10号家系，叶面积平均值为39.85cm，叶面积最小的家系为21号家系，叶面积平均值为12.84cm；家系内叶面积的变异系数为12.74%～57.77%。

表4-31 43个栓皮栎家系叶片形状描述性统计

家系系号	样本数（个）	叶片长				叶片宽				叶片干重				叶面积			
		最小值(cm)	最大值(cm)	平均值±标准差(cm)	变异系数(%)	最小值(cm)	最大值(cm)	平均值±标准差(cm)	变异系数(%)	最小值(g)	最大值(g)	平均值±标准差(g)	变异系数(%)	最小值(cm)	最大值(cm)	平均值±标准差(cm)	变异系数(%)
1	15	7.26	13.86	10.95±1.84	16.82	2.20	4.68	3.65±0.64	17.45	0.14	0.48	0.3±0.09	30.37	12.50	39.45	26.97±7.64	28.31
2	15	9.10	12.94	10.49±1.02	9.75	3.02	3.94	3.43±0.28	8.23	0.18	0.40	0.25±0.05	19.52	19.13	31.49	24.02±3.06	12.74
3	15	7.50	13.76	11.11±1.47	13.27	2.32	5.42	3.58±0.71	19.80	0.11	0.49	0.27±0.09	31.61	13.26	47.20	26.93±7.58	28.15
4	15	6.96	11.68	8.64±1.29	14.96	1.94	4.00	2.69±0.55	20.50	0.12	0.32	0.17±0.05	30.99	10.66	23.94	16.69±4.07	24.36
5	15	9.74	16.18	11.86±1.94	16.33	3.24	4.44	3.77±0.36	9.64	0.23	0.43	0.30±0.07	22.64	21.44	45.61	29.53±6.57	22.26
6	15	7.42	10.94	9.47±0.97	10.23	2.52	4.18	3.15±0.43	13.50	0.17	0.26	0.20±0.03	12.84	15.49	26.44	20.65±3.23	15.64
7	15	7.70	13.42	10.23±1.80	17.56	2.72	3.88	3.19±0.39	12.17	0.14	0.40	0.23±0.07	29.42	15.25	32.58	22.55±5.55	24.59
8	15	5.38	11.46	9.32±1.46	15.68	1.76	4.30	3.21±0.64	19.99	0.15	2.88	0.22±0.08	34.03	8.34	31.90	20.86±5.73	27.44
9	15	7.84	14.32	10.82±1.84	17.01	2.26	6.34	3.73±1.03	27.61	0.15	2.77	0.23±0.07	29.21	14.57	58.63	27.87±11.58	41.56
10	2	13.02	14.80	13.91±1.26	9.05	3.84	5.08	4.46±0.88	19.66	0.21	0.30	0.26±0.06	25.34	32.32	47.37	39.85±10.64	26.70
11	15	8.88	13.94	11.43±1.62	14.17	2.64	4.90	3.55±0.59	16.57	0.21	0.47	0.32±0.09	26.62	16.60	42.72	27.18±6.93	25.51
12	15	9.36	13.32	11.06±1.11	10.03	2.66	4.14	3.43±0.50	14.46	0.19	0.4	0.28±0.06	22.80	19.10	33.68	25.48±4.99	19.58
13	15	6.74	12.28	10.21±1.66	16.23	2.06	4.48	3.15±0.59	18.75	0.14	0.36	0.24±0.06	24.76	11.16	32.51	22.25±5.75	25.85
14	15	6.72	13.50	9.81±1.47	14.97	2.54	4.62	3.30±0.56	17.01	0.14	0.44	0.25±0.08	32.36	13.36	40.21	22.36±6.46	28.88
15	15	6.82	11.14	9±1.16	12.92	2.34	3.62	2.98±0.42	14.00	0.12	0.35	0.21±0.06	29.67	13.00	24.78	18.74±3.83	20.46
16	15	7.38	11.22	9.38±1.22	12.99	2.24	4.64	3.14±0.72	22.91	0.11	0.34	0.22±0.08	34.91	13.15	34.00	20.65±6.34	30.72
17	15	8.16	13.20	10.42±1.38	13.25	3.18	4.94	3.76±0.49	12.97	0.18	0.43	0.29±0.07	25.43	19.12	37.54	26.20±5.81	22.17
18	15	8.16	11.34	9.96±0.89	8.90	2.60	4.46	3.27±0.51	15.72	0.16	0.39	0.23±0.06	25.06	16.21	31.41	22.14±4.34	19.59
19	15	7.10	12.54	9.74±1.54	15.79	1.80	4.56	3.31±0.63	19.11	0.13	0.44	0.27±0.08	30.25	10.36	36.85	22.54±6.52	28.94
20	15	7.02	13.40	9.5±1.6	16.85	2.34	4.18	3.01±0.41	13.72	0.12	0.40	0.22±0.07	32.53	13.35	31.96	20.14±5.27	26.15
21	15	6.28	9.14	7.23±0.79	10.94	1.62	3.88	2.34±0.51	21.76	0.11	0.20	0.15±0.03	17.60	8.78	17.82	12.84±2.36	18.37

家系	样本数（个）	叶片长				叶片宽				叶片干重				叶面积			
		最小值（cm）	最大值（cm）	平均值±标准差（cm）	变异系数（%）	最小值（cm）	最大值（cm）	平均值±标准差（cm）	变异系数（%）	最小值（g）	最大值（g）	平均值±标准差（g）	变异系数（%）	最小值（cm）	最大值（cm）	平均值±标准差（cm）	变异系数（%）
22	15	7.44	10.76	9.14±1.11	12.17	2.34	4.28	3.18±0.57	17.84	0.12	0.36	0.22±0.07	31.84	13.56	28.12	20.25±4.99	24.65
23	15	8.66	12.02	10.34±1.18	11.40	2.72	4.40	3.53±0.47	13.25	0.16	0.37	0.26±0.06	24.67	16.72	34.97	24.70±5.08	20.55
24	15	8.30	14.08	11.66±1.68	14.41	2.76	6.12	4.09±0.82	20.13	0.20	0.48	0.32±0.08	25.81	18.47	43.43	31.45±8.34	26.52
25	15	9.60	15.46	11.72±1.57	13.41	3.06	4.52	3.77±0.35	9.20	0.24	0.47	0.35±0.06	17.60	21.03	41.07	29.15±5.28	18.13
26	15	8.14	14.42	11.37±1.71	15.07	2.56	4.74	3.88±0.61	15.79	0.20	0.63	0.37±0.10	28.42	15.24	43.71	29.47±7.50	25.45
27	15	9.20	14.68	11.74±1.56	13.31	2.86	4.76	3.87±0.57	14.79	0.20	0.46	0.33±0.08	24.94	18.47	42.11	30.13±7.18	23.82
28	15	9.48	13.60	10.77±1.16	10.74	2.50	4.46	3.64±0.49	13.39	0.22	0.41	0.31±0.06	20.23	18.51	33.69	25.99±4.45	17.13
29	15	7.34	13.98	10.11±1.76	17.40	2.58	8.74	3.58±1.49	41.54	0.16	0.40	0.27±0.07	25.73	14.63	60.09	24.90±11.50	46.20
30	15	8.14	13.68	11.01±1.63	14.76	2.72	4.64	3.65±0.55	14.92	0.18	0.43	0.31±0.09	27.85	16.65	38.20	26.79±6.02	22.48
31	15	8.90	11.48	10.24±0.95	9.32	2.68	4.08	3.32±0.41	12.33	0.16	0.36	0.25±0.06	23.44	18.16	30.32	22.95±4.08	17.77
32	15	8.92	14.98	11.91±1.80	15.11	2.90	4.94	3.73±0.57	15.35	0.19	0.47	0.34±0.11	31.05	18.46	40.01	29.40±7.23	24.61
33	15	9.56	14.18	11.60±1.22	10.48	3.38	4.62	4.05±0.36	8.88	0.21	0.42	0.34±0.06	17.94	21.77	40.18	30.69±4.43	14.45
34	15	10.58	15.08	12.48±1.27	10.13	3.04	5.10	4.18±0.61	14.65	0.21	0.56	0.39±0.10	25.27	22.55	42.11	33.95±6.25	18.42
35	15	9.12	13.38	10.80±1.19	11.04	2.32	4.10	3.54±0.29	8.16	0.19	0.41	0.28±0.06	21.60	19.83	33.46	25.58±4.17	16.30
36	15	7.66	14.80	11.38±1.95	17.15	3.28	5.08	3.51±0.66	18.83	0.17	0.62	0.33±0.12	35.56	13.58	47.37	27.04±8.48	31.36
37	15	9.74	13.34	11.12±1.06	9.50	2.36	4.62	3.82±0.44	11.53	0.21	0.41	0.30±0.06	21.09	21.67	36.55	28.03±4.65	16.58
38	15	6.56	12.74	9.84±1.65	16.81	2.36	4.06	3.43±0.52	15.19	0.12	0.33	0.25±0.06	25.56	11.94	33.44	23.18±5.83	25.14
39	15	8.86	14.16	11.41±1.37	12.03	3.08	4.68	3.83±0.39	10.20	0.21	0.40	0.31±0.05	15.73	21.16	42.10	28.80±5.05	17.55
40	15	9.78	14.52	12.04±1.76	14.63	2.94	4.92	4.06±0.70	17.16	0.22	0.52	0.35±0.11	32.55	19.89	45.11	32.30±9.01	27.90
41	15	6.78	17.92	9.34±2.61	27.98	2.10	5.48	3.04±0.84	27.51	0.12	0.79	0.25±0.18	72.05	12.11	61.05	20.73±11.98	57.77
42	15	9.76	14.46	11.54±1.43	12.35	3.18	4.60	3.74±0.37	9.85	0.22	0.39	0.31±0.05	15.93	20.97	37.93	28.39±4.71	16.60
43	15	6.52	13.00	9.41±1.79	19.04	2.22	5.12	3.14±0.86	27.42	0.16	0.53	0.25±0.12	47.44	11.19	42.27	21.19±8.97	42.31

从表4-32的方差分析可看出，叶片长、叶片宽、叶片干重及叶面积这些指标在43个家系中均存在极显著差异（$p < 0.001$），说明不同家系间的叶片性状差别非常明显。

表4-32　43个栓皮栎家系的方差分析

	变异来源	离差平方和	自由度	均方	F值	p值
叶片长（cm）	组间	765.219	42	18.219	8.034	<0.001
	组内	1 335.792	589	2.268		
叶片宽（cm）	组间	92.426	42	2.201	5.952	<0.001
	组内	217.764	589	0.370		
叶片干重（g）	组间	1.787	42	0.043	6.771	<0.001
	组内	3.702	589	0.006		
叶面积（cm²）	组间	12 588.907	42	299.736	6.999	<0.001
	组内	25 225.887	589	42.828		

4.4.2.3　聚类分析

通过对43个家系的聚类分析，得到不同来源的家系聚类没有规律（图4-5），可能存在以下原因：

（1）选用的指标太少，信息量小，无法将不同来源的家系区分开。

（2）叶片性状本身变异就比较大，而且家系内部变异及种源内家系间变异幅度较大，所以不同家系无法区分开。

4.4.3　结论与讨论

（1）栓皮栎叶片叶长、叶宽、叶长×叶宽与叶面积间均具有显著相关性，长宽比与叶面积间无显著相关性；用叶长、叶宽及叶片长×叶宽拟合不同曲线，不同指标、不同方程间有一定差异，但组合指标整体优于单个指标；用6种预测方程的结果进行拟合检验，正方形计算方程无显著差异但也无显著相关（$p=0.05$），其余5种模型的预测值与实测值间无显著差异。因此选用该5种方程具有生物学意义和统计学意义，可行可靠。可以简化测量工作难度，降低工作量。

（2）对43个栓皮栎家系叶片指标进行差异性分析发现，栓皮栎不同家系间叶片指标差异较大，同时家系内也存在较大差异。叶片长、叶片宽、叶片干重及叶片面积指标在43个家系中均存在极显著差异，说明不同家系间的叶片性状差别非常明显。

（3）聚类分析时，不同产地不能聚在一起，没有规律。建议增加测定指标，可结合果实特点、物候期等多个指标再进行不同产地间的对比。

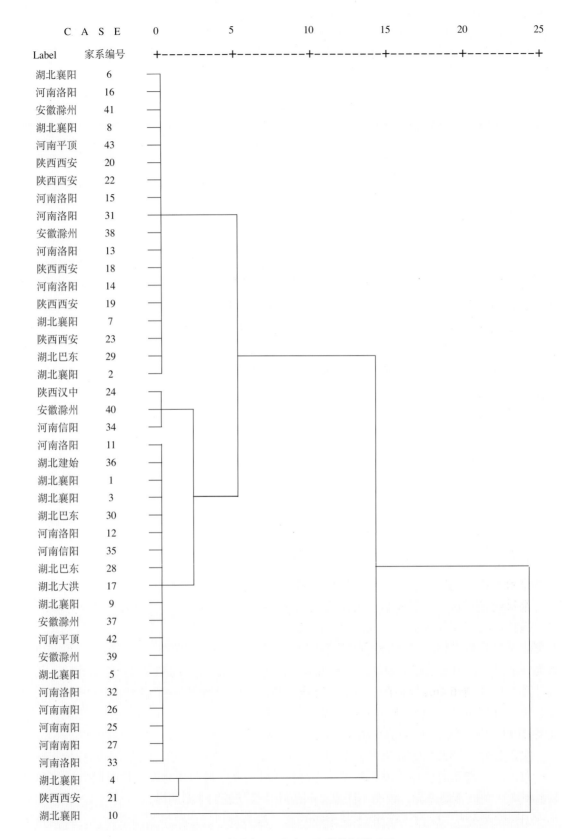

CASE		0	5	10	15	20	25
Label	家系编号						

湖北襄阳	6
河南洛阳	16
安徽滁州	41
湖北襄阳	8
河南平顶	43
陕西西安	20
陕西西安	22
河南洛阳	15
河南洛阳	31
安徽滁州	38
河南洛阳	13
陕西西安	18
河南洛阳	14
陕西西安	19
湖北襄阳	7
陕西西安	23
湖北巴东	29
湖北襄阳	2
陕西汉中	24
安徽滁州	40
河南信阳	34
河南洛阳	11
湖北建始	36
湖北襄阳	1
湖北襄阳	3
湖北巴东	30
河南洛阳	12
河南信阳	35
湖北巴东	28
湖北大洪	17
湖北襄阳	9
安徽滁州	37
河南平顶	42
安徽滁州	39
湖北襄阳	5
河南洛阳	32
河南南阳	26
河南南阳	25
河南南阳	27
河南洛阳	33
湖北襄阳	4
陕西西安	21
湖北襄阳	10

图4-5　栓皮栎43个家系聚类分析谱系图

5 栓皮栎良种繁育

栓皮栎是我国暖温带、亚热带的主要树种，但由于多种原因我国的栎类树种发展均未受到重视。长期以来，栎类用材常被称为"栎樗之材"，用于比喻无用之材或者平庸无用之人。究其原因是因为栎类树种生长缓慢，且木材密度大，传统方法难以加工利用，从而导致了栎类树种的发展相对缓慢，忽视了栎类树种在其他方面的重要作用。随着对环保的重视和栎类木材加工技术的发展，栓皮栎逐步得到重视，将来具有极大的发展空间。

栓皮栎良种选育起步较晚，进展缓慢，鲜有选育出栓皮栎良种的报道。自2017年起，逐步有栓皮栎良种报道，但数量较少。本文总结了目前已经审定（认定）的栓皮栎良种，为相关研究人员提供相应参考。

5.1 栓皮栎良种

5.1.1 辉县林场栓皮栎母树林种子（图5-1）

编号：豫S-SS-QV-024-2021
申请人：国有辉县林场，新乡市林业种苗服务站
选育人：王运钢、张辉利、王会娜、任院辉、杜清平、刘爱琴、赵明华
品种特性：按照《母树林营建技术》（GB/T 16621—1996）对栓皮栎人工林经多次去劣疏伐改造而成。面积300亩[*]，林分平均密度31株/亩，郁闭度0.7，平均林龄55年；母树生长旺盛，树体健壮；平均胸径21cm、树高14m、冠幅6.4m；种子9月中下旬成熟，平均千粒重5 500g，净度达97％以上，发芽率95％以上，达到Ⅱ级种子质量标准。

主要用途：营造用材林、生态林。

栽培技术要点：适合在光线充足和土壤深厚处造林。以种子繁育为主，播种区可采用平床或者垄作，点播，行距15～18cm，

图5-1　辉县林场母树林栓皮栎林相

* 亩为非法定计量单位，1亩≈667m²。——编者注

开沟深度6～7cm，沟内每隔10～12cm播种，每亩播种量90～120kg，将种子横向置于沟内，覆土厚度3～5cm。幼苗出土前后，要保持苗床一定湿度，注意灌溉和松土除草。大雨后，要在苗床上加盖一层细土，以补充流失的土壤，在施足基肥的基础上，因地因苗适时追肥。第一次在6月上、中旬生长旺期；第二次在7月下旬左右，即第一次新梢生长基本停止时追肥，以提供孕育第二次新梢生长的养分。大田育苗第2年春要进行切根移植，将主根保留20cm移植。造林后2～4年内每年松土除草1～3次。

适宜种植范围：河南省栓皮栎适生区。

5.1.2　泰安SL7栓皮栎家系种子（图5-2）

编号：鲁S-SF-QV-003-2017

申请人：山东农业大学

选育人：邢世岩、陈汝敏、李保进、周继磊、李士美、安丰敬、张艳、魏蕾

品种特性：栓皮栎泰安（SL7）家系：山东省泰安石榴园半同胞家系，母树45年生，树高9.20m，胸径24.70cm，平均冠幅5.95m，枝下高2.10m；平均果长2.16cm，平均果宽1.90cm，平均果重4.65g。8年生家系苗木生长状况显著好于对照栓皮栎泰安（SL5）家系，平均树高较对照提高47.42%、平均胸径较对照提高45.40%、平均冠幅较对照提高7.36%、平均新梢长较对照提高37.67%、平均新梢粗较对照提高17.65%、平均亩产蓄积较对照提高81.78%。

图5-2　泰安SL7栓皮栎家系种子8年生单株

繁殖技术要点：

种子的采集：选择树龄为20～40年生长健壮的母树，在10～11月成熟的栓皮栎种子从壳斗中自然掉落在地上时及时采收。种子收回后，剔除病种、残种以及劣质种子，留下种粒饱满、无明显病虫害的种子备用。

播种育苗：秋季大田直播育苗，播种量975～1 350kg/hm²，顺垄开沟。均匀摆放种子，种子最好横向放置，播种后覆土3～4cm，并稍加踩实。

定植：田间定植密度3m×3m，每公顷种1 110株。

肥水管理：每年浇水5～7次，追肥2～3次，每次每株100g，追肥量随年龄增加而增加，松土除草每年5～6次。

整形修剪：分冬剪和夏剪两大类。去除主干底端侧枝，促进主干生长。

病虫害防治：及时防治栎褐天社蛾、栗实象鼻虫、柞突天牛等。

5.1.3 中条林局祁家河栓皮栎母树林种子（图5-3）

编号：晋S-SS-OV-022-2019

申请人：山西省林业科学研究院、山西省中条山国有林管理局

选育人：翟瑜、郝育庭、郝向春、杨于军、冯瑞华、周帅、范虎军、任达、陈思、陈天成

品种特性：种子色泽光亮，颗粒大，近球形，种子千粒重2 510g，种子饱满，发芽率高，可达到90%；适应性强，扎根深，根系发达，萌蘖力强，生长较快；干形通直，材质好，果实淀粉含量高；喜光，抗风，抗旱，耐火，耐瘠薄。

栽培技术要点：用2年生裸根苗、2年或3年生无纺布或营养钵苗造林，密度为1 650 ～

图5-3 中条林局祁家河栓皮栎母树林林相

3 300株/hm²；新造林3年内注意割灌除草抚育管理；幼中龄林抚育按技术规程进行。

适宜种植范围：山西省中条山及周边栓皮栎适宜栽培区。

主要用途：用材林和生态林。

5.2 栓皮栎种子园建设

播种育苗是栓皮栎苗木繁育的主要方式，目前国内建立的种子园较少，在安徽省滁州市南谯区红琊山林场建有栓皮栎无性系种子园（图5-4），其建设内容及经验如下。

5.2.1 建设内容与规模

根据基地建设现状条件，确定种子园建设类型为栓皮栎嫁接种子园，建设规模为20公顷。

图5-4 安徽红琊山林场栓皮栎无性系种子园

5.2.2 种子园建设流程（图5-5）

图5-5 种子园建设流程图

5.2.3 建园和经营技术

5.2.3.1 园址选择原则

交通方便，主风向上坡；地势较平缓、土层深厚，土壤肥力中等以上，阳光充足，通风适度；无病虫害感染和兽害；有适当天然隔离地段，或便于布置隔离带。

5.2.3.2 建园材料

来自栓皮栎优良种源、经嫁接增益大于30%、数量50个以上的优良家系。

5.2.3.3 育苗

建立栓皮栎种子园，实行优中选优的方式进行。首先分家系选择遗传增益达到30%以上的优良家系，分家系采集种子，分家系培育优质壮苗，然后分家系选择建设种子园的超级苗或一级苗，以作为建园的优良苗木。

5.2.3.4 林地清理和整地

栽植地段进行林地清理，全面清除造林地立木、采伐剩余物及杂灌草。

采用机械全垦整地，整地深度达到0.8m以上，适当平整，整地结束后将树根清理干净。

定植时造林地上打点进行人工挖种植穴，按4m×5m的株行距，密度为500株/hm²，种植穴规格为1m×1m×0.8m。

5.2.3.5 配置栽植

配置时同一家系植株间隔应大于20m，彼此错开，防止近亲繁殖。配置方式采用分组随机排列，组内采取随机区组排列，组间采取交叉配置。

栽植时每穴施足基肥，先填表土，再填心土，分层踏实，表覆虚土。栽植时要做到深栽、根舒、栽直、踩紧。

种子园为栓皮栎实生种子园，每公顷栽植500穴，每穴四角顶端各定植1株同家系的超级苗。栽植穴采用长方形配置方式。栽植第二年要及时用原系号家系苗木进行补植，确保苗木保存率为100%。

5.2.3.6 经营管理

（1）土壤管理 加强种子园的土壤管理，有利于母树提前开花结实，提高种子产量和播种品质，减少结实大小年现象。本研究所用种子园为新建种子园，林地裸露面较大，应采取套种杜英或豆类等绿肥植物，改善土壤肥力状况，促进幼树生长。同时结合抚育、块状松土除草，造林当年进行一次，以后每年两次，时间应在5～6月和8～9月为宜，三年后可采取砍草抚育。

为了使种子园的种子产量达到稳定、高产的要求，合理施肥是一个有效措施，采取穴施和沟施的方法。栓皮栎种子园施肥应从栽植到采种，按不同发育阶段使用不同的施肥方法和施肥量。施肥时间应在花芽分化期、幼果发育期和籽粒饱满期。

（2）植株管理 为了保证种子园的质量，栽植穴采用加密的方式，每穴定植4株同家系苗木。2～3年后保留2株性状表现优良的苗木，伐除性状表现相对较差的苗木；4～5年后对剩余的2株目的树种进行观察比较，最终保留1株各方面性状表现良好的植株，从而保证种子园母树均为优中选优产生。

（3）辅助授粉 辅助授粉在多数情况下都能显著增加种子产量，尤其是对于面积较小或幼年时期的种子园。本研究所用种子园规模不大，又属于新建幼年种子园，应做好人工辅助授粉工作、扩大遗传基础、改良遗传品质、增加种子产量。使用的花粉必须是经人工精选的20～30个优良家系的混合花粉。收集花粉时应严格保持花粉纯洁度，授粉时加入70%左右的滑石粉，在清晨微风时用背负式喷粉器进行喷施授粉。

（4）**其他管理措施**　加强保护，防止人畜破坏；加强检疫，预防病虫害；去劣疏伐，提高种子产量；及时总结整理，完善技术档案。

5.3　栓皮栎苗木繁育

5.3.1　播种育苗技术

5.3.1.1　苗圃地建立

（1）**苗圃选址**　选择地势平坦、排水良好、地下水位最高不超过1.5m、微酸性至微碱性的沙壤土、壤土或黏壤土作圃地。新建苗圃和原有苗圃圃地不符合上述条件的，要逐步平整，进行土壤改良。农耕地育苗，要选有排灌条件、肥力较好的土地，切忌选用前茬作物存在苗木易感染病害或地下害虫严重的土地。

播种地要安排在土质好、灌溉方便、排水良好、便于管理的生产区内。不能选连作的老苗圃地，有条件的可使用人工接种菌根菌。

（2）**整地**　育苗前必须整地，包括翻耕、耙地、平整、镇压、清除草根和石块，要求做到深耕细整，地平土碎。秋（冬）翻耕深度在25cm以上，圃地湿润、土壤黏重或冬季有积雪的地区，耕后可不耙，翌年早春耙地。春季翻耕深度在20cm以上，随耕随耙，及时平整、镇压。育苗地前茬是农作物的，应先浅耕灭茬再整地。

（3）**土壤处理和改良**　育苗前要根据具体情况分别采用药剂消毒、烧土等方法进行土壤处理。可结合翻耕撒施75～150kg/hm²硫酸亚铁和75～150kg/hm²克百威。重点预防蛴螬，防止啃食根皮须根和主根根尖。一旦根尖咬断会造成全株死亡，须根取食后直接影响苗木成活率。土壤瘠薄的圃地要逐年增施有机肥，偏沙质的混拌泥炭土，偏黏的混沙，偏酸的增施石灰、草木灰等，偏碱的混拌生石膏或泥炭土、松林土。根据育苗树种的特性和圃地肥力，实行不同树种苗木的轮作，或苗木与绿肥、牧草、农作物轮作，做到用养结合。

5.3.1.2　施肥

（1）**基肥**　基肥以有机肥为主，为了调节各种养分的适宜比例，也可以施无机磷、钾肥及少量无机氮肥。用量为磷肥750kg/hm²，复合肥750～1 500kg/hm²，结合耕翻，均匀施入深土层中。

（2）**种肥**　用以磷为主的颗粒肥料和种子混拌均匀，或用微量元素的稀薄溶液浸种。催过芽的种子，不可与种肥混拌，应先将种肥施于播种沟内。

（3）**追肥**　主要施用速效肥（以尿素为主），在苗行间开沟，将肥料施于沟内，然后盖土；亦可用水将肥料稀释后，全面喷洒于苗床（垄、畦）上（喷洒后用水冲洗苗株）或浇灌于苗行间。

一般在苗木生长侧根时进行第1次追肥。6～7月苗木速生期进行第2～3次追肥，在苗木封顶前1个月左右，停止追施氮肥，最后1次追肥不得迟于苗木高生长停止前15d。可以采取行间开沟法、床面先撒后锄法进行。南方地区可以结合雨季雨中撒施法，切忌撒施后不采取任何保护措施，以免叶片变色影响生长或整株死亡。追肥应本着少量多次的原则，一般不超过375kg/hm^2，苗木速生期可适当增加。

5.3.1.3 作业方式

气候湿润、多雨的地区，或水源充足、灌溉条件好、地下水位高的苗圃，采用床作。床面要高出步道20～30cm。沙壤土低些，黏壤土高些。床宽1.0～1.5m，床长20～50m，床间步道30～50cm。气候干旱地区，或水源不足、灌溉条件差的苗圃，采用畦作或平作。畦面要低于畦埂15～20cm，畦宽1.0～1.5m，畦长10～20m，畦埂宽30cm。苗床、苗畦要在播种和移植前做好，达到土粒细碎、表面平整的标准。

5.3.1.4 种子准备

（1）**种源和母树选择**　栓皮栎10～15年开始结实，南方地区最早5年就开始结实，15～20年后丰产，有大小年现象。采种应选择冠形匀称、枝叶繁茂、树干通直、生长健壮的20～50年实生的优良植株和树种纯正的栓皮栎林，并且注意优选表现稳定的种源作为采种基地。

（2）**种子采集**　栓皮栎种子一般在9月中下旬至11月上旬成熟，种子成熟时种壳呈棕褐色或黄褐色，坚果，有光泽，自行脱落。前期和后期脱落的种子质量差，应选择中期脱落的籽粒饱满、果形整齐、颗粒均匀的种子，做到随落随采、分批存放。

（3）**选种**　采用手选法逐粒检查种子，剔除有虫孔、有损伤、形态不正和过小的种子，再用清水漂洗1次，淘汰浮在水面上霉烂、瘪小的种子，捞出剩余种子并晾干（图5-6）。

（4）**药物处理**　选好的种子应立即用25%乐果乳剂350～500倍液浸泡48h，预防橡实象鼻虫危害种子（图5-7）。

图5-6　水洗选种

图5-7　农药浸种

（5）贮藏

室内贮藏法：可选择地势高燥、通风凉爽的房屋，把种子平摊于地面，采取细沙混拌贮藏，并定期洒水和翻种（图5-8至图5-10）。

室外窖藏法：适用于冬季少雨、气候寒冷的北方。在露天选干燥的地方挖地窖，宽、深分别为1m，窖底铺1层细沙，然后按1层种子（8～10cm厚）1层沙的方式贮藏，直至窖口10cm，覆土封盖，并在窖中每隔1m插1束秫秸，防止种子发热霉烂。窖四周挖30cm宽、20cm深的排水沟沥水。

水藏法：可以利用流动的溪流，也可以用塑料编织袋装种子，直接放入有一定深度的池塘、水坝，1～2个月后捞出堆放备用。

（6）催芽　播种前10d左右，将选好的种子浸入清水1～2d，然后将其摊放于凉爽处，经常喷水保湿，待种子幼芽露白出尖时进行播种。

图5-8　晾　晒

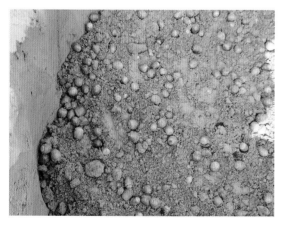

图5-9　沙　藏

图5-10　冷库贮藏（1～2℃）

5.3.1.5　播种

（1）种子分类　不同品种、批号、种源的种子，不能混杂处理；不同方法处理的种子不能混播。

（2）播种期　春季要适时早播，当土壤5cm深处的地温稳定在10℃左右，即可播种。秋（冬）播种要在土壤结冻前播完，土壤不结冻地区在树木落叶后播种，也可以随采随播。

（3）播种量　播种量根据种粒大小、圃地环境条件、育苗技术和经验确定。一般播种量为2 625～3 750kg/hm²，未经处理的种子为3 750～4 500kg/hm²。

（4）播种方法　种子较大时，一般采用点播或条播。条播要根据留苗密度确定播幅和行距，点播要根据留苗密度确定株行距。一般行距为30～50cm，株距3～5cm。开7～10cm宽播种沟，沟深5～7cm，采用撒播或点播方法播种。播后覆土，覆土厚度根据种粒大小、育苗地土质、播种季节和覆土材料确定，一般为种子横径的1～3倍，即3～5cm。土壤黏重的圃地覆土要薄，土壤水分差的圃地覆土要厚；春季覆土要薄，秋（冬）播覆土要厚。播种后的圃地应覆盖秸秆保湿，有条件的还可用塑料薄膜拱棚或地膜覆盖，有利于苗木的生长和苗齐苗壮（图5-11、图5-12）。

图5-11　大田播种育苗

图5-12　轻基质网袋播种

5.3.1.6　苗期管理

（1）**撤除覆盖物**　有覆盖的育苗地，幼苗出土后，要及时分批撤除有碍苗木生长的覆盖物。

（2）**灌溉和排水**　主要采取喷灌、浇灌、沟灌等方法，将水分均匀地分配在苗木根系活动的土层中。灌溉要适时、适量。出苗期（特别是幼苗出土前）要适当控制灌溉，只要地面处于湿润状态，土壤不板结就不必灌溉；苗木生长初期（特别是保苗阶段）灌溉采用少量多次的办法，苗木速生期则采取多量少次的办法，苗木生长后期控制灌溉，除特别干旱外可不灌溉。圃地发现有积水应立即排除，做到内水不积、外水不流，保持圃地排水正常。

（3）**除草和松土**　除草要掌握"除早、除小、除了"的原则。人工除草在地面湿润时要连根拔除。使用除草剂灭草时苗木易受损害，要先试验后使用，同时要严格控制使用量。除人工、机械除草外，降雨、灌溉后也要松土。松土要逐次加深，但要做到不伤苗、不压苗。

（4）**间苗和定苗**　当年播种苗要及时间苗，拔除生长过密、发育不健全、受伤、感染病虫害的幼苗，使幼苗分布均匀。间苗时间与次数要根据幼苗生长发育状况和培育目的决定，一般进行2～3次，在幼苗出齐1月后进行第1次间苗，以后根据幼苗生长情况进行第2～3次间苗和定苗。单位面积上保留的株数比计划产苗量多15%左右。

（5）**其他管理措施**　控制少生侧枝及多干现象。及时摘芽除蘖。对主根发达、侧根少且并不准备移植的播种苗，可进行截根。时间和深度要根据苗木生长发育情况确定，截根后及时镇压、灌溉。

5.3.1.7 病虫害防治

做好病虫害的预测、预报，对可能发生的病虫害做好预防。对已经发生病虫害的苗木采取综合防治方法及时除治。

（1）农业防治　出圃的苗木和调进的种子要进行检疫，发现病虫害严重或属于检疫对象的要立即烧毁；做好苗圃环境卫生，做到圃内无杂草；适时早播，加强肥水管理，促进苗木生长，增强抗性。

（2）物理防治　可用人工和光、电、热等方法捕杀、诱杀害虫法进行防治。

（3）化学防治　食叶害虫主要有栎褐舟蛾、刺蛾、金龟子等，可用25%乐果乳油500倍液进行防治。地下害虫主要有蝼蛄、蛴螬等。除播种前撒施克百威外，在危害严重的生长期也可喷洒克百威、杂草诱杀剂等进行防治。

5.3.1.8 苗木调查和出圃

（1）苗木调查　在苗木地上部分生长停止前后，按品种、苗木种类、苗龄分别调查苗木质量、产量，为做好苗木生产及供销计划提供依据。通常采用样方和样行法进行，要求有90%的可靠性，产量精度达到90%（图5-13至图5-15）。

图5-13　大田育苗长势

图5-14　轻基质网袋育苗长势

图5-15　苗木调查（超级苗，苗高1.3m，地径1.5cm）

（2）**苗木出圃**　包括起苗、苗木分级、假植和运输等工序。质量精度达到95%以上（图5-16、图5-17）。

起苗：时间上要与造林季节相配合，在秋季苗木生长停止后和春季苗木萌动前起苗。起苗要达到一定深度，要求做到少伤侧根、须根，保持根系比较完整和不折断苗干，不伤顶芽（萌芽力弱的针叶树），根系最低保留长度要视苗木大小决定，以不低于20cm为宜。

苗木分级：起苗后要立即在蔽荫无风处选苗，剔除废苗，分级统计苗木实际产量。一般产量为30.0万～37.5万株/hm^2，其中合格苗22.5万～30.0万株/hm^2。在选苗分级过程中，修剪过长的主根和侧根及受伤部分。

假植：不能及时移植或包装运往造林地的苗木，要立即临时假植，秋季起出供翌春造林和移植的苗木，选地势高、背风、排水良好的地方越冬假植。越冬假植要注意打泥浆、疏摆、深埋（不低于土壤深度的2/3）、培碎土，做到踏实不透风。假植后要经常检查，防止苗木风干、霉烂或遭受鼠、兔危害。

运输苗木：根据苗木种类、大小和运输距离，采取相应的包装方法。要求做到保持根部湿润不失水。在包装明显处附注树种、苗龄、等级、数量的标签。苗木包装后，要及时运输，途中注意通风。不得风吹日晒，防止苗木发热和风干，必要时洒水。

图5-16　起　苗

图5-17　分级打捆

5.3.2　栓皮栎扦插育苗

栓皮栎扦插育苗部分处理与结果如图5-18至图5-20所示。

图5-18　激素处理（最佳的配方为200mg/L的ABT
生根粉1号，处理2h）

图5-19　扦插处理（温度为23～27℃，湿度大于
85%）

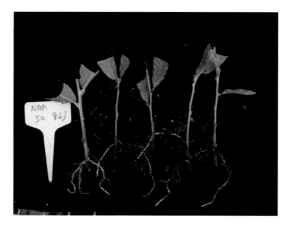

图5-20　处理后生根情况

6 塔形栓皮栎体胚发生技术研究

植物体细胞胚胎发生（以下简称"体胚发生"）具有遗传性稳定、繁殖速度快、成活率高等优点，是木本植物大规模繁殖的重要途径之一。全世界栎属植物有300多种，分布广泛，生态变异性大。中国栎属植物资源丰富，有60多种。栎属植物具有很高的经济和生态价值，但因其生根困难、结实期晚及种子不耐贮藏等特性，难以用传统的方法进行无性繁殖和建立种子园，限制了其优良基因型快繁和遗传改良计划。近年来有关栎属植物体胚的发生和植株再生的研究不断深入。国外有关栎属植物体胚发生研究较多的为欧洲栓皮栎和夏栎，国内栎属植物体胚研究起步较晚，2004年姚增玉分别以未成熟合子胚、成熟合子胚和2～4周龄的实生幼苗茎段作为外植体，诱导栓皮栎体胚发生，从培养方式、添加物等角度不断优化体细胞胚胎发生方案。随后，辽东栎（*Quercus liaotungeris*），麻栎（*Quercus acutissima*）、川滇高山栎（*Quercus aquifolioides*）、蒙古栎（*Quercus mongolica*）体细胞胚胎发生的有关研究相继开展。

体胚发生过程中，不同物种因外植体发育时期及部位的不同，诱导的效果也有所差异。其中不同时期的外植体对体胚诱导效果影响较大，陈金慧等利用杂交鹅掌楸（*Liriodendron* × *sinoamericanum*）幼胚诱导体胚发生，于大德等以云南松（*Pinus yunnanensis*）幼胚为外植体诱导了体胚发生，杨金玲等利用白杆（*Picea meyeri*）成熟胚为外植体诱导体细胞胚胎发生。此外合子胚的不同位置对体胚发生和体胚诱导也有着直接影响，高芳等以红松（*Pinus koraiensis*）成熟下胚轴为外植体诱导体胚效果最好，张存旭等研究栓皮栎发现，成熟合子胚全胚为外植体诱导率最高，这说明外植体部位的不同对诱导效果也有一定的影响，寻找适宜的外植体类型是体胚诱导成功的关键。体胚一旦诱导产生，便会无限增殖，如何在胚性保持的条件下快速增殖是体胚再生技术研究的重点和难点之一。大多数情况下添加少量的激素会使体胚增殖效果更好，如张焕玲等以栓皮栎幼年叶片和茎段诱导愈伤组织进行增殖，其中0.1mg/L NAA和0.1mg/L 6-BA效果最佳。不同光照环境也会影响体胚的增殖，张梦妍在香玲核桃体细胞体胚增殖过程中，配合激素在暗环境下诱导，增殖率最高可达315.6%；有的树种在光照环境下对体胚增殖效果更好，如栓皮栎在自然散射光下体胚增殖效果最好；前人通过体胚发生技术对不同激素、培养环境、外植体时期等因素进行系统研究，有效克服种子易受虫害，以及不耐储藏、嫁接、扦插等困难，不受时间和地理环境影响，可随时开展试验，为保持优良基因型提供更大应用潜力。

塔形栓皮栎（*Quercus variabilis* var. *pyramidalis*）植物是栓皮栎的特殊变种（图6-1），

树冠呈塔形，枝叶浓密，侧枝与主干开展角度为20°～25°，不仅具有重要的生态价值和经济价值，还具有极高的观赏价值。在前人的研究基础上，体胚发生技术能克服多种不良因素，可提高生产效率，保存优良基因型。目前已经开展了一些关于栓皮栎体胚发生的研究，但有关塔形栓皮栎体胚发生的相关报道还尚未发现。因此，本研究拟通过体胚发生技术对塔形栓皮栎进行体细胞胚诱导，探讨不同外植体时期、不同外植体部位、不同激素等对体胚诱导的影响以及不同光照和不同激素对体胚增殖的影响，为塔形栓皮栎无性系的迅速推广提供技术支撑。

图6-1　河南南召塔形栓皮栎

6.1　材料与方法

6.1.1　试验材料

分别于2020年6月、7月、8月、9月中旬和2021年7月中旬，在河南南召采集塔形栓皮栎未成熟合子胚和新鲜的成熟合子胚，采收后用湿毛巾包裹，带回实验室后存储于4℃冰箱，作为诱导的愈伤组织及体胚发生的试验材料。

6.1.2　试验方法

6.1.2.1　愈伤组织及体胚诱导

（1）外植体消毒和接种　将种子用手术刀剥去壳斗，取出完整小坚果用流动水冲洗2～3h，在无菌条件下用75%的乙醇浸泡30s，无菌水冲洗5次，用0.1%升汞消毒10～15min，其间不停晃动。6月中旬采集的种子不剥离种皮，用针把坚果扎破，将伤口处倒放，表面接触培养基；7月14日、8月11日和9月13日的合子胚剥离种皮后接种于初级诱导培养基上；10月15日的成熟合子胚剥离种皮后，分别留胚乳、半子叶胚和完整成熟合子胚作为3个不同处理的材料，将合子胚下胚轴浸入培养基中，生长环境为23～25℃，如有特殊处理，另做说明。培养一周后，将所有褐变种子转接至相同的新培养基继续培养30d。

（2）培养基和激素筛选试验

最佳培养基筛选：以2021年7月14日采集的种子为外植体，以MS、WPM、SH为基本培养基，单独添加6-BA（0.5mg/L）、2,4-D（0.5mg/L）和ZT（0.5mg/L）。

最佳激素组合筛选：以2021年7月14日采集的种子为外植体，以MS+蔗糖（3.0%）+琼脂（6.0g/L）为培养基，分别添加3种激素组合：① 6-BA（0.5 mg/L、1.0 mg/L）和2,4-D（0.5 mg/L、1.0 mg/L）；② 6-BA（0.5 mg/L、1.0 mg/L）和ZT（0.5 mg/L、1.0 mg/L）；③ 2,4-D（0.5 mg/L、1.0 mg/L）和ZT（0.5 mg/L、1.0 mg/L）。

（3）光照条件实验　将2021年7月14日采集的未成熟合子胚材料接种于MS+蔗糖（3.0%）+琼脂（6.0g/L）+6-BA（0.5mg/L）+2,4-D（0.5mg/L）的培养基中，分别在正常光（1 200lx）、弱光（500lx）和无光条件下进行培养，30d后观察体胚诱导情况。

（4）不同时期试验　将2020年6月、7月、8月和9月中旬采集的材料分别接种在MS+蔗糖（30g/L）+琼脂（6.0g/L）+6-BA（1mg/L）+2,4-D（1.0mg/L）培养基中进行愈伤组织诱导。

（5）种子胚手术试验　将2021年8月中旬采收的材料分别以3种处理（图6-2）：①仅留胚芽；②保留半子叶胚；③完整子叶胚。分别接种于MS+蔗糖（3.0%）+琼脂（6.0g/L）+6-BA（0.5mg/L）+2,4-D（1.0mg/L）培养基中，30d后观察体胚发生情况。

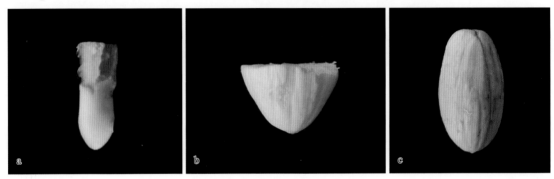

图6-2　胚处理

a.无子叶胚　b.半子叶成熟合子胚　c.全子叶成熟合子胚

（6）成熟合子胚试验　将2020年10月中旬采集的新鲜成熟塔形栓皮栎合子胚去子叶处理作为外植体材料，接种于同时添加0.5mg/L 6-BA和1.0mg/L NAA的MS培养基中诱导体胚。

（7）防止褐化试验　将2020年7月中旬采集的材料，以MS+蔗糖（3.0%）+琼脂（6.0g/L）+6-BA（0.5mg/L）+2,4-D（0.5mg/L）为培养基，分别单独添加0.5g/L、1.0g/L、1.5g/L、2.0g/L的PVP，30d后观察体胚防褐化情况。

6.1.2.2　体胚的增殖试验

以合子胚诱导出的胚性愈伤组织为材料开展体胚增殖研究，选取生长健壮，颜色为淡黄色、乳白色半透明或透明胚性愈伤组织，在无菌操作台中切成0.2cm×0.2cm×0.2cm小块，将所有的胚性愈伤组织接种于90mm的培养皿中。

（1）不同激素及浓度筛选试验　以MS+蔗糖（30g/L）+琼脂（6.0g/L）为基本培养基：①不添加任何激素；②分别单独添加0.2mg/L、0.5mg/L、0.8mg/L、1.0mg/L的6-BA；③同时添加2,4-D（0.1mg/L、0.5mg/L）和NAA（0.5mg/L、1mg/L）；④同时添加6-BA（0.2mg/L、0.5mg/L、0.8mg/L、1.0mg/L）和2,4-D（0.1mg/L、0.5mg/L）；⑤同时添加6-BA（0.2mg/L、0.5mg/L、0.8mg/L、1.0mg/L）和NAA（0.5mg/L、1.0mg/L）。30d后观察体胚增殖情况。

（2）光照增殖诱导试验　以MS+蔗糖（30g/L）+琼脂（6.0g/L）为基本培养基：①同时添加0.5mg/L的6-BA和0.5mg/L的NAA；②同时添加0.5mg/L的6-BA和1.0mg/L的NAA。分别放入正常光（1 200lx）、弱光（500lx）、无光3种不同光照环境下进行增殖诱导，30d后观察体胚增殖情况。

6.1.2.3　体胚成熟试验

选取长势良好的子叶期胚为材料进行以下体胚成熟培养试验：

（1）蔗糖浓度试验　接种于MS+琼脂（6.0g/L）+PVP（0.5mg/L）基本培养基，分别添加3%、4%、5%、6%浓度的蔗糖于培养皿中，每周观察一次胚体变化，30d后统计体胚成熟情况、再生率和畸形率。

（2）光照影响成熟试验　以MS+琼脂（6.0g/L）+PVP（0.5mg/L）+蔗糖（5%）+6-BA（0.5mg/L）+NAA（0.25mg/L）为基本培养基，接种后的培养皿分别放入正常光（1 200lx）、弱光（500lx）、无光3种不同环境下进行体胚成熟诱导，共3个处理，每周观察一次胚体变化，30d后统计体胚成熟情况、再生率和畸形率。

（3）激素及浓度筛选试验　以MS+琼脂（6.0g/L）+PVP（0.5mg/L）+蔗糖（5%）为基本培养基，同时添加NAA（0.25mg/L、0.5mg/L）和6-BA（0.1mg/L、0.25mg/L、0.5mg/L）的激素组合。每周观察一次胚体变化，30d后统计体胚成熟情况、再生率和畸形率。

（4）ABA影响成熟试验　以MS+琼脂（6.0g/L）+PVP（0.5mg/L）+蔗糖（5%）+6-BA（0.5mg/L）为基本培养基，分别添加0.5mg/L、1.0mg/L、1.5mg/L的ABA，共3个处理，每周观察一次胚体变化，30d后统计体胚成熟情况、再生率和畸形率。

（5）碳源影响成熟试验　以MS+琼脂（6.0g/L）+PVP（0.5mg/L）+蔗糖（5%）为基本培养基，分别加入0.0g/L、1.0g/L、2.0g/L的活性炭，共3个处理，每周观察一次胚体变化，30d后统计体胚成熟情况、再生率和畸形率。

6.1.2.4　体胚萌发试验

以已经成熟的体胚为材料，开展以下体胚萌发试验：

（1）基本培养基对体胚萌发影响　在MS和1/2MS培养基中，分别添加蔗糖（3.0%）+琼脂（6.0g/L）+6-BA（0.5mg/L），共2个处理，每隔一周观察一次，30d后统计体胚生根率、萌发率、植株再生率。

（2）活性炭浓度对体胚萌发影响　以1/2MS+蔗糖（3.0%）+琼脂（6.0g/L）为基本培养基，分别添加1.0g/L、2.0g/L、3.0g/L的活性炭，共3个处理，每隔一周观察一次，30d后统计体胚生根率、萌发率、植株再生率。

（3）激素浓度对体胚萌发影响　以1/2MS+蔗糖（3.0%）+琼脂（6.0g/L）为基本培养基，分别单独添加6-BA（0.25mg/L）、NAA（0.25mg/L），同时添加6-BA（0.25mg/L）+NAA（0.25mg/L），每隔一周观察一次，30d后统计体胚生根率、萌发率、植株再生率。

（4）赤霉素处理　以1/2MS+蔗糖（3.0%）+琼脂（6g/L）为基本培养基，分别添加50.0mg/L、100.0mg/L、150.0mg/L赤霉素GA_3，共3个处理，每隔一周观察一次，30d后统计体胚生根率、萌发率、植株再生率。

（5）干燥处理和冷处理对体胚萌发的影响

干燥处理：在无菌台内，将长势强壮健康的体胚从成熟培养基中取出，放置垫有2层滤纸的一次性培养皿中，再用2层滤纸盖在体胚上以充分吸收水分，最后盖上培养皿，开启紫外灯和换气扇等待，分别干燥2h、4h、6h、8h，设对照组CK，随后接种于1/2MS+蔗糖（3.0%）+琼脂（6.0g/L）+6-BA（0.25mg/L）+ABA（0.5mg/L）培养基内，共5个处理，每隔一周观察一次，30d后统计体胚生根率、萌发率、植株再生率。

冷处理：将成熟体胚接种于1/2MS+蔗糖（30g/L）+琼脂（6g/L）+6-BA（0.25mg/L）+NAA（0.25mg/L）培养基中，分别在4℃的暗环境下处理15d、30d、60d，待处理完后，将其取出放入25℃、1 200lx光照环境下进行培养，每隔一周观察一次，30d后统计体胚生根率、萌发率、植株再生率。

6.1.3　数据统计与处理

愈伤组织诱导阶段每3d观察一次，记录污染率和生长情况，30d后统计污染率和愈伤组织诱导率。胚性愈伤及增殖诱导阶段，每3d观察一次生长情况，并记录发育情况，培养30d后进行称重，计算增殖率及平均增长量。

成熟培养阶段，用90mm一次性培养皿作为培养器材，每个培养皿放置10个胚，25℃环境下进行培养，每5天观察一次，记录体胚生长发育情况，30d后统计成熟体胚、再生体胚及畸形胚的数量。

萌发诱导阶段，半个月观察一次，2个月后统计生根率、生芽率及转化率。萌发的胚继续生长15d左右，以根芽完整且生长健壮的植株作为再生植株的标准。

所有处理在没有特殊备注培养环境下，均在25℃±2℃、16h光照下进行培养，试验外植体最少重复3次。为了保证后期材料充足，前期做的实验通过验证后，效果最好的培养基配方进行多次诱导，保留充足材料以备后续试验所需。利用SPSS 26.0进行数据统计分析处理，利用Excel 2019进行图表分析。

体胚诱导率（%）＝体胚诱导数/供诱导试验体胚总数×100%

体胚增殖率（%）＝体胚增殖数/供增殖试验体胚总数×100%

体胚成熟率（%）＝成熟体胚数/供成熟试验体胚总数×100%

体胚畸形率（%）＝成熟体胚中的畸形体胚总数/供成熟试验体胚总数×100%

体胚生根率（%）＝生根体胚数/供萌发试验体胚总数×100%

体胚萌芽率（%）＝萌芽体胚数/供萌发试验体胚总数×100%

体胚既生根又长芽率（%）＝既生根又长芽的体胚数/供萌发试验体胚总数×100%

体胚萌发率（%）＝只生根率+只长芽率+既生根又长芽率

植株转化率（%）＝根芽完整且生长健壮的植株数/供萌发试验体胚总数×100%

6.2　结果与分析

6.2.1　体胚诱导

6.2.1.1　不同培养基对体胚诱导的影响

将采自2021年7月中旬的未成熟合子胚消毒后接种于MS、WPM和SH培养基上，为了快速诱导出愈伤组织，每种培养基中分别单独添加0.5mg/L的6-BA、2,4-D和ZT，在黑暗环境下进行培养，研究不同培养基对体胚诱导的影响。结果如图6-3、图6-4所示，不同培养基对体胚的诱导率有差异，同一培养基之间无显著差异。接种3d的合子胚颜色逐渐加深，呈褐色，周围的培养基呈浅褐色逐渐蔓延；未成熟合子胚开始萌动，子叶微微张开，胚轴缓慢伸长。7d后MS培养基中未成熟合子胚胚轴上开始形成乳白色、半透明状颗粒的早期体胚和愈伤组织；WPM和SH培养基中仅出现少量愈伤组织，且生长缓慢，愈伤小、长势弱。10d后，MS培养基中的胚性愈伤组织长势较为旺盛，愈伤组织多呈透明状和乳白色；WPM和SH培养基中愈伤组织生长缓慢，其中WPM愈伤组织开始逐渐变大，慢慢形成半透明颗粒状愈伤组织。20d后，跟WPM和SH培养基相比，MS培养基愈伤组织不但长势良好，且胚轴生长迅速，诱导出的体胚数量多，愈伤组织膨大；30d单独加入6-BA和2,4-D的MS培养基诱导率高于其他两种培养基。综合分析，MS培养基诱导出的胚性愈伤组织相比其他两种培养基多且旺盛，生长迅速、生命力强。因此，最适合塔形栓皮栎胚性愈伤组织诱导的为MS培养基。

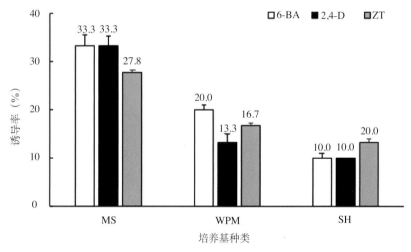

图6-3　不同培养基对体胚诱导的影响

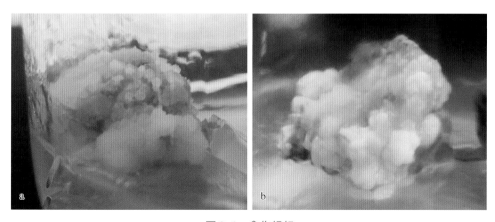

图6-4　愈伤组织

a.胚性愈伤组织　b.非胚性愈伤组织

6.2.1.2 不同激素对体胚诱导的影响

以去子叶塔形栓皮栎的未成熟合子胚为外植体，分别接种于不同浓度的6-BA、2,4-D和ZT的MS培养基中，全程在无光环境下进行培养，研究不同浓度激素配比对愈伤组织诱导的影响。发现不同浓度激素配比显著影响愈伤组织的诱导率（$p<0.05$）。通过表6-1发现，在1mg/L 6-BA和0.5mg/L 2,4-D培养基中诱导率最高可达73.3%，随着2,4-D浓度的增加，诱导率也下降，且不同激素水平之间差异显著（$p<0.05$）。其中0.5mg/L 2,4-D和1mg/L ZT的培养基中诱导率最低，仅有13.3%，且2,4-D和ZT激素组合的诱导率普遍较低。在单独添加激素时，0.5mg/L的2,4-D诱导率最高可达60%，而0.5mg/L的ZT诱导率只有16.7%。综合分析，无论单独添加生长素还是细胞分裂素均能诱导出胚性愈伤组织。在5d左右可发现合子胚变大，20d左右表面诱导出乳白色和淡黄色簇状愈伤组织，1mg/L 6-BA和0.5mg/L 2,4-D诱导率最高，继续培养可诱导出乳白色或白色胚性愈伤组织。因此，诱导胚性愈伤组织的最佳激素组合为1mg/L 6-BA和0.5mg/L 2,4-D。

表6-1 不同激素对体胚的诱导效果

处理	激素（mg/L）			诱导数（个）	诱导率（%）
	6-BA	2,4-D	ZT		
1	0.5			10	33.3±0.6bcd
2	1			8	26.7±0.6cd
3		0.5		18	60.0±1.7a
4		1		9	30.0±1.0cd
5			0.5	5	16.7±0.6d
6			1	9	30.0±2.7cd
7	0.5	0.5		8	26.7±1.5cd
8	0.5	1		17	56.7±1.5ab
9	1	0.5		22	73.3±1.5a
10	1	1		15	50.0±1.0abc
11		0.5	0.5	7	23.3±0.6cd
12		0.5	1	4	13.3±1.5d
13		1	0.5	6	20.0±1.0d
14		1	1	10	33.3±1.5bcd

注：诱导率数据为均值±标准差；同一栏内不相同字母表示有显著差异（$p<0.05$），相同字母表示无显著差异。

6.2.1.3 不同光照对体胚诱导的影响

以去子叶塔形栓皮栎未成熟合子胚为外植体，接种于含有不同激素浓度的MS培养基中，分别在16h正常光（1 200lx）、16h弱光（500lx）和无光条件下进行培养，研究不同光照对体胚诱导的影响。研究发现（表6-2），在正常光照条件下大部分合子胚下胚轴最先开始萌发，底部快速生长，小部分胚体变大；10d以后开始长出带真叶茎段，随时间延长并未发现有愈伤组织产生。在弱光条件下合子胚下胚轴萌发时间延后，根部生长速度缓慢，20d

左右才开始长出茎段，且长势弱，少部分诱导出愈伤组织，愈伤组织干燥、坚硬、无光泽，继续诱导容易形成非胚性愈伤组织。在无光条件下诱导5d左右合子胚表面开始形成簇状物，10d左右逐渐增多，形成颗粒状愈伤组织，15d以后开始形成透明和半透明状愈伤组织，呈淡黄色和乳白色，个体大且粗壮，体胚诱导率可达50%，继续诱导仍可保持较强的繁殖能力。综合分析发现（图6-5），有光条件下，未成熟合子胚未诱导出胚性愈伤组织，除了死亡体胚几乎全部直接诱导出苗；弱光条件下有部分诱导出愈伤组织，但速度慢，愈伤组织长势弱，后期不易诱导出胚性愈伤组织；无光环境下，体胚诱导相比前两种环境诱导效果好，胚体健壮，诱导多且快速。因此，无光环境下更有利于体胚的诱导。

表6-2　不同光照对体胚的诱导率

正常光		弱光		无光	
诱导数（个）	诱导率（%）	诱导数（个）	诱导率（%）	诱导数（个）	诱导率（%）
0	$0.0 \pm 0b$	4	$13.3 \pm 0.6b$	15	$50.0 \pm 1.7a$

注：诱导率为均值 ± 标准差。同行相同字母表示无显著差异（$p>0.05$），不同字母表示有显著差异。

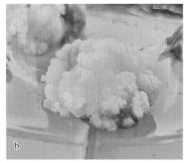

图6-5　不同光照对体胚诱导的影响

a.光照下未成熟合子胚　b.弱光下愈伤组织　c.无光下愈伤组织

6.2.1.4　不同时期外植体对体胚诱导的影响

从6月中旬至9月中旬，每隔1个月采集不同时期的塔形栓皮栎未成熟合子胚，共采集4次，去除子叶，将合子胚接种于不同浓度激素水平的MS培养基中，全程在无光环境下进行培养，研究不同时期的外植体对体胚诱导的影响。研究发现（表6-3），不同时期的合子胚对体胚的诱导具有显著差异（$p<0.05$）。7月中旬的合子胚体胚诱导率最高，为86.7%，平均诱导率为73.3%；6月中旬最高为70.0%，平均诱导率为52.5%；8月中旬最高为66.7%，平均诱导率为52.5%；9月中旬诱导率最高仅36.7%，平均仅28.4%。不同采样时期、不同激素浓度水平之间的诱导率存在显著差异。7月中旬采集的材料对浓度的适应性广泛，8、9月中旬采集的材料需高浓度的2,4-D。7月中旬的材料在同时添加1mg/L 2,4-D和0.5mg/L 6-BA培养基中诱导率最高，体胚长势旺盛，表面光滑且颗粒大，其次为同时添加1mg/L 2,4-D和1mg/L 6-BA培养基。6月中旬和8月中旬诱导率最高的配方中均同时添加了1mg/L 2,4-D和1mg/L 6-BA，但相邻的激素浓度的诱导率差异大。9月中旬的体胚诱导率跟其他时期相比差异较大，其长势弱，生长缓慢，非胚性愈伤组织较多。同时，不同时期的合子胚不仅对

体胚诱导率有影响，还会影响体胚发生的速度和时间。7、8月中旬采集的合子胚，5d左右下胚轴生长，发现下胚轴上诱导出透明或半透明簇状早期胚性愈伤组织。20d时愈伤组织变大，进入子叶时期，30d左右分化出明显球形胚。6月中旬采集的合子胚还处于球形胚或心形胚时期，离体培养较为困难，需要有胚乳提供培养场所。在接种时用手术针扎破种皮，将扎破处接触培养基进行培养，当2,4-D浓度增加时，与培养基接触的地方最先诱导出愈伤组织，但是继续诱导愈伤组织大部分会呈非胚性。9月中旬采集的合子胚已经基本成熟，材料大，外壳一半呈褐色，材料相比其他时期容易污染。在接种5d后，合子胚子叶开始萌发，15d左右观察大部分愈伤组织呈不透明簇状物，少部分愈伤组织呈半透明状。连续培养后，大部分诱导出坚硬、不透明的簇状非胚性愈伤组织。9月中旬的愈伤组织对激素浓度要求不高，但诱导的多为非胚性。因此，7月中旬采集塔形栓皮栎的未成熟合子胚更容易诱导出体胚。

表6-3 不同时期外植体对体胚的诱导率

采样日期	2,4-D（mg/L）	6-BA（mg/L）	外植体（个）	出胚数（个）	诱导率（%）
6月中旬	0.5	0.5	30	12	40.0±1.0defg
	0.5	1	30	16	53.3±1.2bcd
	1	0.5	30	14	46.7±0.6cdef
	1	1	30	21	70.0±1.0ab
7月中旬	0.5	0.5	30	21	56.6±2.1bcd
	0.5	1	30	20	66.7±1.5abc
	1	0.5	30	26	86.7±0.6a
	1	1	30	25	83.3±2.1a
8月中旬	0.5	0.5	30	16	53.3±0.6bcd
	0.5	1	30	12	40.0±1.0defg
	1	0.5	30	15	50.0±1.7bcde
	1	1	30	20	66.7±0.6abc
9月中旬	0.5	0.5	30	9	30.0±1.0efg
	0.5	1	30	6	20.0±1.0g
	1	0.5	30	11	36.7±0.6defg
	1	1	30	8	26.7±0.6fg

注：诱导率为均值±标准差；同一栏内不同字母表示有显著差异（$p<0.05$），相同字母表示无显著差异。

6.2.1.5 种子胚手术试验对体胚诱导的影响

将10月中旬采集的塔形栓皮栎未成熟合子胚接种于MS培养基中，全程进行暗培养，观察不同合子胚大小对体胚诱导的影响。研究发现（表6-4），不同未成熟合子胚大小对体胚诱导存在显著差异（$p<0.05$）。切除子叶仅留未成熟合子胚为外植体的诱导率最高，为60.0%，而完整的子叶胚诱导率最低，仅有10.0%。当完整子叶胚接种5d后，子叶微微张开，下胚轴开始萌动，培养基本褐化，用升汞消毒后，子叶表面酚类物质被破坏变褐，

导致培养基也变褐。移植新的培养基后，子叶开口长大，仅有小部分胚有愈伤组织产生，大部分没有继续萌发。半子叶胚在接种5d后，子叶张开，下胚轴慢慢伸长，内壁呈淡黄色，周围培养基颜色呈褐色，10d左右培养基颜色全部变为半透明褐色，移至新培养基1周后，会迅速在下胚轴表面形成颗粒状愈伤组织，但诱导出的愈伤组织颗粒小，表面无光泽，坚硬，继续培养后只有少部分能形成透明或半透明状大颗粒胚性愈伤组织，长势弱。去子叶胚接种5d后下胚轴生长迅速，在下胚轴上逐渐形成细微簇状愈伤组织，10d后开始形成愈伤组织并分化旺盛，边缘颗粒逐渐形成半透明状。20d愈伤组织变大，进入初期心形胚状，长势强。结果表明，全子叶胚在无光环境下诱导，褐化情况严重导致合子胚死亡，诱导速度慢，效果差；半子叶胚在无光环境下诱导，褐化程度减少，诱导出的愈伤组织生命力差，愈伤组织小且少；完全去子叶胚在无光环境下诱导效果良好，诱导速度快，愈伤组织分化旺盛。因此，去子叶胚为外植体在愈伤组织诱导阶段的体胚诱导效果更好。

表6-4　不同未成熟合子胚大小的体胚诱导率

胚的大小	外植体（个）	出胚数（个）	诱导率（%）
全子叶胚	30	3	$10.0 \pm 1.0b$
半子叶胚	30	8	$26.7 \pm 1.2b$
胚	30	17	$60.0 \pm 1.7a$

注：诱导率为均值±标准差；同一栏内不同字母表示有显著差异（$p < 0.05$）。相同字母表示无显著差异。

6.2.1.6　成熟合子胚对体胚诱导的影响

以10月中旬采集的完全成熟的塔形栓皮栎去子叶合子胚为外植体，接种在诱导培养基中，全程在无光环境下培养，观察成熟合子胚对体胚诱导的影响。结果发现，完全成熟的合子胚诱导率极低（表6-5）。在添加不同激素的培养基中愈伤组织分化少、小，且长势弱，容易污染。培养1周后，合子胚变褐，子叶仅有少部分微微张开，绝大多数均没有萌动。2周后，部分萌动的下胚轴逐渐褐化，生命力减弱。继续培养后，发现添加1.0mg/L 2,4-D和0.5mg/L 6-BA萌发率相对较高，为20.0%，其愈伤组织长势弱，呈土黄色。结果表明，成熟合子胚对体胚诱导效果不佳。

表6-5　成熟合子胚对体胚的诱导率

合子胚类型	2,4-D（mg/L）	6-BA（mg/L）	外植体（个）	出胚数（个）	诱导率（%）
成熟合子胚	0.5	0.5	30	1	$3.3 \pm 1.5b$
	0.5	1	30	5	$16.7 \pm 3.0a$
	1	0.5	30	6	$20.0 \pm 4.1a$
	1	1	30	2	$6.7 \pm 1.7b$

注：诱导率为均值±标准差；同一栏内不同字母表示有显著差异（$p < 0.05$），相同字母表示无显著差异。

6.2.1.7　PVP防止体胚褐化的影响

以7月中旬采集的未成熟塔形栓皮栎去子叶合子胚为外植体，添加防褐化抗生素PVP

后，在全程无光环境进行培养，观察PVP对未成熟合子抗胚褐化情况的影响。结果发现（表6-6、图6-6），未添加PVP的体胚诱导中，虽然诱导率达到50.0%左右，但体胚长势弱，侵入培养基部分的愈伤组织呈褐色或黄褐色图6-6（a）。添加PVP后的体胚整体褐化程度均不同程度降低，0.5g/L PVP抗褐化效果一般，1.5g/L PVP诱导率达到90.0%，而2g/L的PVP浓度对体胚的诱导效果反而降低图6-6（b）；综合分析，添加PVP能有效抑制褐化，对PVP浓度要求不易太低或太高，浓度低时，愈伤组织诱导效果并不明显，浓度太高会抑制体胚愈伤组织的诱导。因此，1.5g/L PVP对塔形栓皮栎体胚诱导防褐化效果最好。

表6-6 不同浓度PVP对体胚诱导率的影响

合子胚类型	PVP（g/L）	外植体（个）	出胚数（个）	诱导率（%）
	0	30	15	50.0±2.0bc
	0.5	30	13	43.3±3.2bc
未成熟合子胚	1	30	18	60.0±3.5b
	1.5	30	27	90.0±1.7a
	2	30	14	46.7±3.8bc

注：诱导率为均值±标准差；同一栏内不同字母表示有显著差异（$p<0.05$），相同字母表示无显著差异。

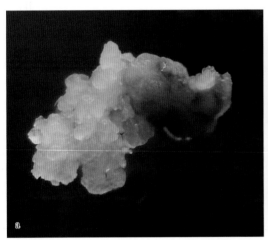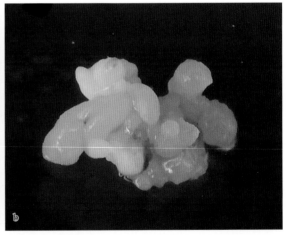

图6-6 不同PVP处理下的体胚
a.未添加PVP的体胚 b.添加PVP的体胚

6.2.2 体胚增殖

6.2.2.1 不同激素及浓度的影响

将体细胞胚诱导阶段获得的胚性愈伤组织作为体胚增殖的外植体，接种于添加不同植物生长调节剂及浓度组合的MS培养基中，全程进行暗培养，观察体胚在不同植物生长调节剂组合情况下的增殖情况。研究发现，无论是否添加植物生长调节剂均能发生体胚增殖，且不同激素组合对体胚增殖情况有影响（表6-7）。不添加任何激素时，体胚增殖速度缓慢，多呈紧凑块状物，表面有细微淡黄色或乳白色圆形颗粒愈伤组织，形成愈伤组织较少。培养基中只添加6-BA时，体胚增殖速度加快，10d时体型变大，体胚呈乳白色或淡黄色，浸入培养基部分出现严重褐化，30d胚性愈伤组织明显，多呈球状，0.2mg/L 6-BA的体胚增殖率达68.3%。当单独添加2,4-D或NAA时，体胚增殖效果并不好，仅有少量的体胚发生增殖现象，且长势弱，多呈淡黄色透明状，少呈乳白色颗粒状，大多愈伤组织变褐死亡。同时添加不同浓度的6-BA和0.5mg/L NAA时，体胚变大，绝大多数体胚发生增殖，且效果良好，10d时体胚呈颗粒状，胚体变大，30d时体胚出现心形胚和子叶胚，呈淡黄色或乳白色，轻微褐化。NAA浓度为1.0mg/L时，体胚增殖效果较好，表面多呈分散状心形胚、子叶胚，呈淡黄色或乳白色，体胚形态良好，轻微褐化。同时添加不同浓度的6-BA和0.5mg/L 2,4-D时，体胚增殖率较大，大多为球形体胚，少量出现子叶或心形胚，浸入培养基部分褐化严重，底部颜色为土黄色或褐色。只添加1.0mg/L 2,4-D时，增殖现象明显下降，褐化程度较为严重，体胚多呈土黄色或褐色，正常体胚生长也逐渐出现下胚轴褐化现象。

结果表明，单独添加生长素或细胞分裂素的培养基均能发生体胚增殖，同时添加生长素和细胞分裂素比单独添加的增殖效果更好。但大多数胚均发生底部褐化现象，导致下胚轴褐化，最后影响整个胚胎全部褐化死亡。单独添加植物生长调节剂时，胚体发育异常数多，几个胚同时连在一起，通过进一步继代培养后，体胚逐渐出现衰亡现象。当6-BA浓度达到1.0mg/L时，增殖培养基中形成的体胚可以继续产生次生胚，形成重复性体胚发生系统，也有部分次生胚通过再次分化后发育到子叶期，但是大多数发育异常，逐渐失去生命力。第一代愈伤组织继代时增殖旺盛，前期生长速度快，后期逐渐形成子叶胚或心形胚。综合以上结果，同时添加0.5mg/L 6-BA和1.0mg/L NAA效果最好，增殖率可达69.7%。

表6-7　不同激素及浓度对体胚增殖情况的影响

处理	激素（mg/L）			继代体细胞胚数（个）	增殖胚数（个）	增殖率（%）
	6-BA	2,4-D	NAA			
1				270	96	32.0±5.7de
2	0.2			270	205	68.3±5.8a
3	0.5			270	97	32.3±2.9de
4	0.8			270	146	54.1±2.7bc
5	1			270	165	55.0±4.4b
6		0.5		240	57	19.0±4.4fg
7		1		240	25	8.3±4.2g
8			0.5	240	30	10.0±1.7g
9			1	240	48	16.0±3.6fg
10	0.2		0.5	240	49	16.3±3.2fg
11	0.5		0.5	240	164	54.7±6.2b

处理	激素（mg/L）			继代体细胞胚数（个）	增殖胚数（个）	增殖率（%）
	6-BA	2,4-D	NAA			
12	0.8	—	0.5	240	128	42.7±6.2bcd
13	1	—	0.5	240	98	32.7±3.7de
14	0.2	—	1	240	104	34.7±3.9de
15	0.5	—	1	240	209	69.7±3.7a
16	0.8	—	1	240	116	38.7±0.9cd
17	1	—	1	240	125	41.7±5.6cd
18	0.2	0.1	—	240	53	17.7±1.9fg
19	0.5	0.1	—	240	154	51.0±2.3bc
20	0.8	0.1	—	240	200	66.7±3.5a
21	1	0.1	—	240	142	47.3±3.8bc
22	0.2	0.5	—	240	94	31.3±2.7de
23	0.5	0.5	—	240	72	24.0±2.3ef
24	0.8	0.5	—	240	93	31.0±3.1de
25	1	0.5	—	240	151	50.3±7.8bc

注：增殖率为均值±标准差；同一栏内不同字母表示有显著差异（$p<0.05$），相同字母表示无显著差异。

6.2.2.2 光照对体胚增殖的影响

将体细胞胚诱导阶段获得的胚性愈伤组织作为体胚增殖的外植体，接种于添加不同激素及浓度组合的MS培养基中，分别在正常光（1 200lx）、弱光（500lx）和无光条件下进行培养，观察体胚在不同光照环境下的增殖情况。研究发现（图6-7和图6-8），无论正常光、弱光还是无光环境均能发生体胚增殖，且不同光环境下体胚增殖的诱导率存在显著差异（$p<0.05$）。塔形栓皮栎在无光环境下体胚增殖效果最好，胚性愈伤组织呈透明淡黄色或乳白色，质地松软，细胞分裂旺盛，培养基褐变影响小，30d后观察，平均每个胚能再生8个以上，最多可达20个。在正常光环境下（1 200lx），愈伤组织发生严重褐变，浸入培养基部分胚呈深褐色或黑色，胚团上部呈淡黄绿色，质地坚硬，生长缓慢，体胚再生能力下降，表面再生胚极少，平均仅3.5个。在无光环境下的体细胞胚团一直呈乳白色，分散的颗粒状，愈伤组织在不断新增胚性愈伤组织，幼小球形胚逐渐变大，大的球形胚逐渐发育到子叶胚或心形胚时期。综合认为，光照对体胚的影响很大，但是不能在光照很强的地方进行增殖培养，否则会抑制其体胚增殖，弱光环境下虽然增殖率较高，效果好，但是相比无光环境下诱导速度较慢，且长势不如无光条件下的增殖体胚。无光环境下能保持胚体幼嫩，同时能逐渐发育成心形胚状、子叶胚，能更好地为体胚成熟提供材料。因此，塔形栓皮栎在无光环境下进行增殖培养效果最佳。综合分析试验中各种因素对体胚增殖的影响，筛选出促进体胚增殖最佳组合的培养条件为：无光环境下，将外植体接种于添加0.5mg/L 6-BA和1mg/L NAA的MS培养基中。在此培养条件下培养，最终增殖率可达73.3%，其增殖效果较好。

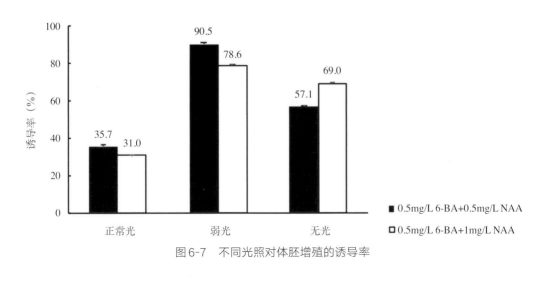

图6-7 不同光照对体胚增殖的诱导率

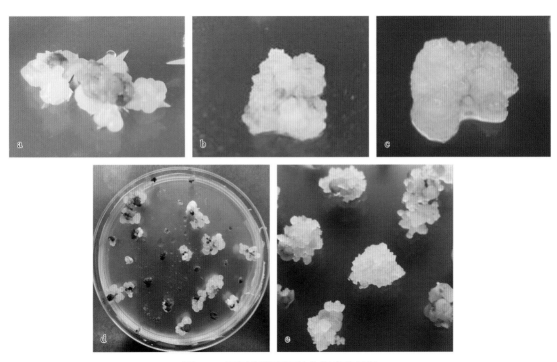

图6-8 不同光处理下的体胚增殖情况

a.光照下体胚增殖情况 b.弱光下体胚增殖情况 c.无光下体胚增殖情况
d.0.5mg/L 6-BA +1mg/L NAA 增殖处理 e.0.8mg/L 6-BA+0.1mg/L 2,4-D 增殖处理

6.2.3 体胚成熟

6.2.3.1 蔗糖浓度的影响

将增殖诱导阶段所获得的各阶段的体胚及胚性愈伤组织作为体胚成熟诱导的外植体，接种于添加了不同浓度蔗糖的MS培养基中，全程在正常光环境下进行培养，观察不同蔗糖浓度对体胚成熟的影响。研究发现，不同蔗糖浓度对体胚成熟有显著影响（$p<0.05$）。4周

后，不同蔗糖浓度的体胚成熟情况如表6-8、图6-9和图6-10。当蔗糖浓度为3%时，成熟体胚子叶绝大多数为半透明或透明淡黄色，这类半透明或透明状体胚多为超度含水态体胚。同时体胚表面分化簇状颗粒物，形成的再生体胚数较多，再生率达到30.6%，也有部分体胚出现畸形现象，畸形胚率为11.1%；蔗糖浓度在4%时，成熟体胚个体大，且子叶胚分化较多，数量大，底部下胚轴褐化严重；蔗糖浓度在5%时，成熟胚率最高，达到77.8%，体胚的个体和颜色变化较大，体胚子叶多呈乳白色或淡绿色，超度含水态体胚较少，底部褐化现象不严重，胚畸形状态增多；蔗糖浓度增加到6%时，成熟胚率逐渐下降，下胚轴褐化现象逐渐加重，但根部发育旺盛、粗壮，胚体相比蔗糖浓度5%时要小，颜色多呈黄色或黄褐色，绿色较少，畸形胚率达50.0%。随着蔗糖浓度的增加，畸形胚率也随之增加，再生率胚降低。高浓度的蔗糖可以抑制体胚的再生率和体胚的次生现象，但是浓度过高会抑制体胚成熟，适当增加蔗糖浓度可以有效提高成熟胚率；体胚成熟阶段的目的是进一步诱导体胚发育成熟，所以体胚的品质和成熟胚率是衡量体胚效果的首要指标，综合考虑，蔗糖浓度在5%时，塔形栓皮栎体胚成熟的效果最佳。

表6-8　不同蔗糖浓度对体胚成熟诱导率的影响

蔗糖浓度（%）	成熟胚率（%）	再生胚率（%）	畸形胚率（%）	成熟情况
3	26.8±2.4c	30.6±1.2a	11.1±1.5d	长势一般，多为超度含水态体胚，半透明
4	50.0±4.0a	25.0±1.0b	19.4±0.6c	长势一般，子叶肥大，底部褐化严重
5	77.8±2.5b	16.7±1.7c	38.9±1.5b	长势佳，个体大，多为淡绿色，褐化轻
6	10.7±1.0d	8.3±1.0d	50.0±1.5a	长势弱，褐化严重，土黄色，分化根

注：数据为均值±标准差；同一栏内不同字母表示有显著差异（$p<0.05$）。相同字母表示无显著差异。

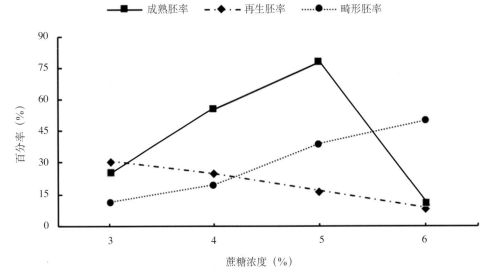

图6-9　不同蔗糖浓度对体胚成熟诱导率的影响

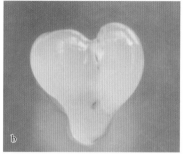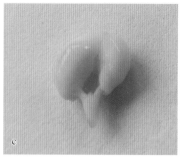

图6-10 不同胚形态

a.球形胚　b.心形胚　c.子叶胚

6.2.3.2 不同光照环境及不同ABA浓度的影响

将增殖诱导阶段所获得的各阶段的体胚及胚性愈伤组织作为体胚成熟诱导的外植体，接种于MS培养基中，分别在光照和黑暗的环境下进行培养，观察不同光照环境对体胚成熟的影响。研究发现，不同光照环境对体胚成熟的影响有显著差异（$p<0.05$）（表6-9），在暗环境下处理一周后，整个胚体的颜色和形态发生较大变化。在暗环境下培养5d，体胚子叶上端颜色已逐渐变成灰色透明状，部分失去活力；培养15d后，大多数体胚子叶颜色变成灰色透明状，少部分子叶呈乳白色，生命力弱；此后移至光照环境下进行培养，并未发现体胚有好转现象，在ABA的作用下促进了体胚成熟，但大部分完全丧失活力不再继续发育，随着ABA浓度的增加，再生胚率和畸形胚率随之减少。光环境下的体胚成熟诱导效果好于黑暗环境，在ABA的促进作用下，再生胚率明显下降。综合分析可知，黑暗处理时，体胚失去活力，产成不可逆的伤害，体胚成熟被抑制；而光照环境下，体胚生命力强，子叶变绿，褐化效果轻，因此，认为光照环境对体胚的成熟诱导效果更好。

表6-9 不同ABA浓度对体胚增殖诱导率的影响

处理	ABA（mg/L）	成熟胚率（%）	再生胚率（%）	畸形胚率（%）	成熟情况
光照	0	26.8±2.4c	41.1±1.5a	39.3±1.5a	长势弱，再生胚多，畸形胚多
	0.5	50.0±4.0a	26.8±2.0b	33.9±2.1b	长势良好，褐化较轻，子叶大
	1	39.3±2.5b	19.6±0.6c	21.4±2.6c	长势一般，褐化较重
	1.5	10.7±1.0d	12.5±1.5d	8.9±1.2d	褐化严重，死亡胚多
黑暗	0	26.8±1.7c	8.9±0.6e	3.6±1.2e	长势弱，多为透明状
	0.5	28.6±2.5c	5.4±0.0f	7.1±1.5d	长势弱，多为透明状，轻微褐化
	1	8.9±1.2d	5.4±1.0f	1.8±0.6f	长势弱，褐化严重
	1.5	5.4±1.0e	1.8±0.6g	0.0±0.0g	长势弱，生命力弱，褐化严重

注：数据为均值 ± 标准差；同一栏内不同字母表示有显著差异（$p<0.05$）。相同字母表示无显著差异。

在光照环境下研究发现，添加ABA的MS培养基中再生胚率和畸形胚率明显降低。当培养基中加入的ABA浓度达到0.5mg/L时，成熟胚率最高可达50.0%，下胚轴有轻微的褐化现象，少部分胚体为超度含水态体胚，多呈淡黄色或乳白色，子叶变大且长势强壮。随着ABA浓度的增加，成熟胚率下降，同时再生胚率和畸形胚率也逐渐降低，胚的褐化情况也逐渐加重；当ABA浓度达到1.5mg/L时，胚体下胚轴几乎全部褐化，呈土黄色或黄褐色，仅有小部分胚子叶为淡黄色，体胚个体小，发育效果差。综合分析可知，添加ABA能明显降低体胚的再生胚和畸形胚的分化，但较高浓度的ABA会抑制体胚进一步诱导成熟，导致褐化情况加深，体胚生命力下降甚至死亡；ABA浓度为0.5mg/L时，体胚的成熟效果最好，胚体生长旺盛，褐化情况最弱。因此，添加0.5mg/L ABA对体胚成熟诱导效果最佳。

6.2.3.3 不同浓度激素组合的影响

将增殖诱导阶段所获得的各阶段的体胚及胚性愈伤组织作为体胚成熟诱导的外植体，接种于MS培养基中，分别添加不同浓度的NAA和6-BA进行成熟诱导，观察不同浓度激素组合诱导对体胚成熟的影响。结果如表6-10所示，不同浓度的NAA和6-BA组合的结果存在显著差异（$p<0.05$）。不同浓度激素组合对体胚的影响较大，有的培养基中胚底部出现褐化，有的培养基胚颜色呈淡绿色，有的培养基体胚松软易碎，还有的长出根部。在低浓度NAA的诱导下，成熟胚率较高，同时添加0.25mg/L 6-BA，成熟胚率可达90.5%，再生胚率和畸形率整体较低，但体胚松散、易破碎，底部褐化严重。添加0.5mg/L 6-BA时，体胚诱导效果良好，底部出现轻微褐化。随着6-BA的浓度逐渐增高，再生胚率和畸形胚率也随之逐渐增加，大部分浸入培养基部分的胚均出现不同程度的褐化，顶上子叶多呈黄绿色，继续诱导发现底部几乎全部褐变，体胚变得松散，颜色逐渐呈淡黄色或灰色。用高浓度NAA进行体胚诱导时，相比低浓度的NAA诱导体胚的成熟率下降，最高为57.0%，再生率和畸形率同时增高，最高分别为47.2%和47.7%。随着6-BA的浓度逐渐增加，再生胚率和畸形胚率随之增高，体胚子叶呈淡绿色，底部褐化严重。当NAA浓度为0.5mg/L，6-BA浓度为0.25mg/L时，体胚分化出根部，但根部小且短，出现褐化现象导致体胚无法继续进一步发育。综合分析可知，高浓度的NAA和6-BA对体胚的诱导率影响并不是很大，且会增加再生胚率和畸形胚率，导致体胚在后期继续诱导时受阻；低浓度的NAA和6-BA对体胚的诱导率较高。其中0.25mg/L的NAA和0.25mg/L的6-BA对体胚的成熟诱导率最高，但是体胚效果并不好，颜色多为淡绿色或淡黄色，体胚易碎不结实，且都出现不同程度的褐化现象；添加0.5mg/L的6-BA时体胚诱导效果良好，底部出现轻微褐变，体胚多为黄绿色，子叶肥大，结实不易破碎。因此，同时添加0.25mg/L的NAA和0.5mg/L的6-BA对塔形栓皮栎体胚成熟诱导效果最佳。

表6-10 不同浓度NAA和6-BA对体胚成熟的诱导情况

处理	激素（mg/L） NAA	激素（mg/L） 6-BA	成熟胚率（%）	再生胚率（%）	畸形胚率（%）	成熟情况
1	0.25	0.1	55.0±2.2ab	14.0±1.3a	16.3±0.8a	长势一般，乳白色或淡绿色，下胚轴变褐
2	0.25	0.25	90.5±1.1a	19.0±0.9a	28.7±1.9a	长势一般，淡绿色、易破碎、变褐
3	0.25	0.5	64.3±1.9ab	24.0±1.5a	23.7±1.7a	长势良好，黄绿色、结实、轻微变褐
4	0.5	0.1	40.1±1.8b	31.0±1.1a	35.7±26a	长势一般，淡绿色、底部褐变严重

处理	激素（mg/L）		成熟胚率（%）	再生胚率（%）	畸形胚率（%）	成熟情况
	NAA	6-BA				
5	0.5	0.25	45.3±2.3b	35.7±19a	40.3±1.8a	长势一般，畸形胚和再生胚多，分化根
6	0.5	0.5	57.0±1.9ab	42.7±2.6a	47.7±2.0a	长势良好，胚结实、底部褐化严重

注：数据为均值±标准差；同一栏内不同字母表示有显著差异（$p<0.05$），相同字母表示无显著差异。

6.2.3.4　不同活性炭浓度的影响

将增殖诱导阶段所获得的各阶段的体胚及胚性愈伤组织作为体胚成熟诱导的外植体，接种于添加了不同浓度活性炭的MS培养基中，观察不同浓度的活性炭对体胚成熟的影响。结果表明（表6-11），添加活性炭后成熟胚率增高，再生胚率和畸形胚率下降。除了正常的体胚成熟外，小部分胚性愈伤组织存在胚再生和畸形化。当活性炭浓度为2.0g/L时，成熟胚率最高可达到60.0%，其中几乎不在分化再生胚，但是这些培养基中的体胚子叶出现异常肥大，颜色深绿色，其中部分长出的主根呈淡绿色，有早萌的现象，畸形胚逐渐增多。当活性炭浓度为1.0g/L时，体胚呈黄绿色或淡黄色，也有少部分出现畸形胚和再生胚，但整个体胚的生长情况较好，少部分长出根。综合分析，添加2.0g/L的活性炭虽然对成熟胚率增加，但是随之畸形胚也增多，1.0g/L的活性炭长势良好，子叶正常，成熟率也达到57.8%。因此，活性炭浓度在1.0g/L时对塔形栓皮栎体胚成熟诱导效果更好。

表6-11　不同浓度活性炭对体胚成熟诱导的影响

活性炭（g/L）	成熟胚率（%）	再生胚率（%）	畸形胚率（%）	成熟情况
0	40.0±1.0b	10.0±1.5a	0.0±0.4b	乳白色、淡黄色，长势一般
1	57.8±8.0ab	8.9±1.0a	11.9±0.6a	黄绿色或淡黄色，长势良好
2	60.0±1.7a	0.0±0.0b	16.7±0.6a	深绿色，子叶异常肥大，根部绿色

注：数据为均值±标准差；同一栏内不同字母表示有显著差异（$p<0.05$），相同字母表示无显著差异。

6.2.3.5　综合分析

综合分析实验中涉及各种因素对体胚成熟造成的影响，结果表明（图6-11），体胚成熟是一个复杂的过程，单个因素诱导体胚成熟效果很弱，需要多种因素共同作用，更好地促进体胚的诱导成熟。筛选出促进体胚成熟的最佳激素组合为：在光照条件下，MS+5%蔗糖+0.5mg/L ABA+0.25mg/L NAA+0.25mg/L 6-BA+2g/L活性炭，用该配方进行培养后，成熟胚率可达到79.5%。

6.2.4　体胚萌发

6.2.4.1　体胚萌发的确定

植物体胚在萌发诱导一段时间后会出现初生根，子叶由白色变绿色且第一对真叶出现时，表明体胚已经萌发。体胚在充分成熟后大部分均能萌发，发育成完整的植株。普遍认

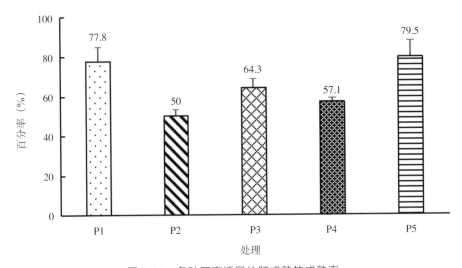

图6-11　各种因素诱导体胚成熟的成熟率

注：P1表示5%蔗糖　P2表示0.5mg/L ABA　P3表示0.25mg/L NAA+0.25mg/L 6-BA
P4表示1g/L活性炭　P5表示5%蔗糖+0.5mg/L 6-BA+0.25mg/L NAA+0.5mg/L ABA+1g/L活性炭

为，影响体胚最主要的因素是体胚的形态（图6-12），由于体胚在成熟过程中往往不易发育正常，使得很多畸形胚产生，导致体胚萌发率不高。体胚在萌发过程中出现早萌、褐化染菌、次生胚、子叶异常肥大等不正常现象，都是影响体胚正常萌发的主要障碍。

将成熟的体胚转至萌发培养基中，大部分能在10d长出一条主根，20d后开始分化出顶端芽，正常胚能萌发出一个芽或多个芽，随后芽端会分化出两片或多片真叶。即使一般的胚能萌发，正常植株的转化率依然很低。有的培养基中体胚萌发只产生主根，有的还会

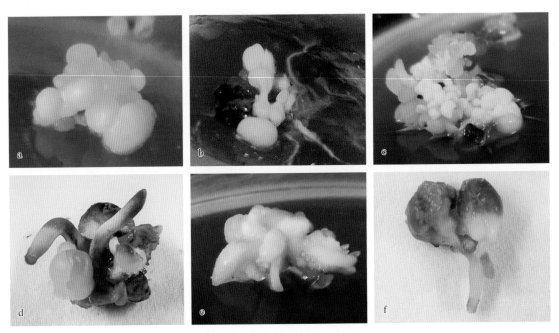

图6-12　体胚的形态

a.超度含水态体胚　b.底部变黑体胚　c.次生胚　d.多胚　e.多子叶胚　f.正常胚

产生细小的侧根，有的子叶异常肥大，却不能正常分化芽。异常胚有：①只长根不长芽。②只长芽不长根。③子叶异常肥大。④根部褐化导致细菌污染。

6.2.4.2　MS和1/2MS培养基的影响

将塔形栓皮栎成熟诱导阶段所获得的发育健康的成熟体胚作为体胚萌发诱导的外植体，全程在光照条件下进行，将成熟体胚接种于MS和1/2MS培养基中，观察不同培养基对体胚萌发的影响。结果表明（图6-13），有的培养基中体胚能分化出根和芽，有的胚只分化芽，没有明显的茎段；有的胚只分化根部，没有分化芽，导致无法正常的再生出植株。MS培养基中生根率为26.0%，大多体胚根部分化出一条主根，但是根部短小，长势弱，部分根出现严重褐化，导致整个培养基内体胚出现不同程度的褐化，严重的直接致死；MS培养基中胚萌芽率为14.0%，褐化导致部分子叶失去活力，逐渐变成灰暗透明状，失去生命力无法继续分化出真叶；仅有4.6%的体胚既长出根部，同时也分化出真叶，但长势弱，真叶小，没有明显的茎段。在1/2MS培养基中，生根率最高可达39.5%，根部粗壮，部分分化出侧根，轻微褐化；胚萌芽率为27.9%，分化出真叶的胚活力低，体胚长势弱，颜色为黄绿色；同时长出根和叶的体胚跟MS培养基相差不多，仅有4.7%，长势弱，但是跟MS培养基的结果相比，真叶大，根部粗壮且长，胚结实不易破碎。综合分析，1/2MS培养基生根率和萌芽率均高于MS培养基，且胚褐化程度低，完整植株长势相对较强。因此，1/2MS培养基更能促进塔形栓皮栎体胚的萌发。

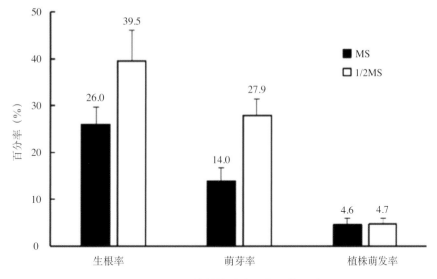

图6-13　不同培养基对体胚萌发的影响

6.2.4.3　活性炭浓度的影响

将塔形栓皮栎成熟诱导阶段所获得的发育健康的成熟体胚作为体胚萌发诱导的外植体，于光照条件下接种于添加不同活性炭浓度的1/2MS培养基中，观察不同浓度的活性炭对体胚萌发的影响。结果表明（表6-12），当活性炭浓度达到1.5g/L时，体胚的生根率、萌芽率和植株萌发率均达到最高，分别为43.3%、53.3%、6.7%。其中体胚主根生长粗壮，真叶被细微茸毛，子叶薄，颜色呈黄绿色，长势良好。活性炭浓度为1g/L时，体胚的根部生长细长，容易折断，子叶肥大，部分胚顶端由黄绿色逐渐变成灰色，有少部分分化出真叶，真叶小且松散，触碰易脱落，未发现既生根又分化出真叶的体胚。活性炭浓度达到2g/L时，体胚子叶出现异常肥大，颜色呈深绿色，且在培养30d后，大多数胚顶端颜色也逐渐变成灰色，失去活力，主根不明显，且根部颜色有逐渐变绿的趋势，侧根数量增多，未见同时分化出根和真叶的胚。活性炭浓度低时，体胚松软，根部脆弱，子叶逐渐失去活力。活性炭浓度超过适宜生长浓度时，处理时间太长会阻碍叶绿素的合成，导致胚失去活力，而根部也出现异常变绿现象，导致重新产生次生胚而无法正常发育为完整的植株。综合分析表明，活性炭浓度为1.5g/L时，体胚长势良好，根部粗壮不易脱落，无褐化现象，子叶为黄绿色，真叶相对较大。因此，活性炭浓度为1.5g/L时能更好地促进体胚萌发的正常发育。

表6-12　不同活性炭浓度对体胚萌发的影响

处理	活性炭（g/L）	生根率（%）	萌芽率（%）	植株萌发率（%）
1	0	26.6±2.3a	16.7±1.2a	0.0±0.0b
2	1	23.3±1.5a	36.7±2.9a	0.0±0.0b
3	1.5	43.3±3.2a	53.3±2.5a	6.7±0.6a
4	2	20.0±1.73a	30.0±2.6a	0.0±0.0b

注：数据为均值±标准差；同一栏内不同字母表示有显著差异（$p<0.05$），相同字母表示无显著差异。

6.2.4.4　激素对胚萌发的影响

将塔形栓皮栎成熟诱导阶段所获得的发育健康的成熟体胚作为体胚萌发诱导的外植体，在光照条件下将成熟体胚接种于添加不同激素浓度的1/2MS培养基中，观察不同激素浓度对体胚萌发的影响。结果表明（表6-13）：添加不同激素对体胚的植株萌发率影响不大，但对生根率和萌芽率有显著影响。低浓度激素条件下，生根率高于其他激素浓度；添加0.1mg/L 6-BA萌芽率效果最好，但是长势并不健壮，形成少量真叶，真叶与茎段连接不紧密，轻碰易掉落。添加0.1mg/L NAA时，根部发育健壮，主根明显，伴随有侧根，萌芽率不高，但是真叶展叶面积相对较大，既生根又能正常的分化出子叶。因此，低浓度NAA有利于体胚的萌发。

表6-13　激素对体胚萌发的影响

处理	激素（mg/L）		生根率（%）	萌芽率（%）	植株萌发率（%）
	NAA	6-BA			
1	—	0.1	63.3±2.5a	53.3±2.3a	0.0±0.0b
2	—	0.25	17.9±1.0c	15.9±1.0c	0.0±0.0b
3	0.1	—	63.3±3.1a	30.0±2.0b	10.0±1.0a
4	0.25	—	50.0±2.0a	36.7±1.5ab	0.0±0.0b
5	0.25	0.25	46.3±1.5ab	43.3±1.2a	0.0±0.0b

注：数据为均值±标准差；同一栏内不同字母表示有显著差异（$p<0.05$），相同字母表示无显著差异。

6.2.4.5 GA₃对胚萌发的影响

将塔形栓皮栎成熟诱导阶段所获得的发育健康的成熟体胚作为体胚萌发诱导的外植体，光照条件下将成熟体胚接种于添加不同 GA$_3$ 浓度的 1/2MS 培养基中，观察不同 GA$_3$ 浓度对体胚萌发的影响。结果表明（表6-14），不同浓度 GA$_3$ 条件下的体胚萌发的生根率和萌芽率无显著差异。在该试验中，体胚的生根率和萌芽率均高于没有添加 GA$_3$ 的培养基，添加 0.5mg/L GA$_3$ 的体胚的生根率最高可达到 40.0%，其根部长势健壮，有的胚分化出侧根，底部无褐化现象；萌芽率最高可达 47.5%，子叶颜色多呈黄绿色，幼嫩真叶部分长势良好；除了 0.5mg/L GA$_3$ 的培养基中有植株萌发，其他均没有整个植株萌发的现象，其萌发长势一般。随着 GA$_3$ 浓度的逐渐增多，体胚的生根率和萌发率均出现不同程度的下降。当 GA$_3$ 浓度为 1mg/L 时，次生胚逐渐增多，下胚轴逐渐失去活力呈灰色，胚生命力弱。当 GA$_3$ 浓度为 1.5mg/L 时，灰色蔓延整个子叶，颜色呈淡黄色和灰绿色，下胚轴开始出现异常变绿，不发育为完整植株。综合分析表明，添加 GA$_3$ 的培养基中整体胚状好于不添加 GA$_3$ 的培养基，但 GA$_3$ 浓度太高时，体胚次生胚增多，叶绿素积累逐渐减少，颜色变成灰色，导致胚体无法进行有效光合作用而无法正常发育成完整的植株，当 GA$_3$ 浓度为 0.5mg/L 时，体胚效果整体优于其他培养基，同时能发育出完整植株。因此，0.5mg/L 的 GA$_3$ 能提高体胚生根率、萌芽率和植株萌发率，能促进体胚的正常发育。

表6-14　不同浓度的 GA$_3$ 对体胚萌发的影响

处理	GA$_3$	生根率（%）	萌芽率（%）	植株萌发率（%）
1	0	$22.9 \pm 1.9a$	$25.7 \pm 2.5a$	$0.0 \pm 0.0b$
2	0.5	$40.0 \pm 2.5a$	$47.5 \pm 2.3a$	$10.0 \pm 0.8a$
3	1	$35.3 \pm 1.7a$	$47.1 \pm 1.8a$	$0.0 \pm 0.0b$
4	1.5	$28.6 \pm 2.2a$	$31.4 \pm 1.2a$	$0.0 \pm 0.0b$

注：数据为均值 ± 标准差；同一栏内不同字母表示有显著差异（$p<0.05$），相同字母表示无显著差异。

6.2.4.6 干燥处理对胚萌发的影响

将塔形栓皮栎成熟诱导阶段所获得的发育健康的成熟体胚作为体胚萌发诱导的外植体，全程在光照条件下进行，为了促进体胚萌发效果，进行不同时间的干燥处理。将成熟体胚接种于添加 0.5mg/L ABA 和 0.25mg/L 6-BA 培养基中，观察干燥处理对体胚萌发的影响。结果表明（表6-15），体胚的生根率、萌芽率和植株萌发率随干燥时间的延迟而增加。当干燥时间为 8h，生根率可达 76.7%，是对照组的 4 倍多，同时萌芽率和植株萌发率也达到最大，分别为 90.0% 和 60.0%。体胚干燥 2h 处理 30d 后各项指标也有提升，但是长势并不明显，根部短，萌芽小且弱；干燥 4h 处理的体胚长势一般，根部最长仅为 1.5 ~ 2cm，且根部弱，根茎细，真叶较小不明显；干燥 6h 处理 30d 后观察体胚，胚体根部分化强，主根粗且长，还有少部分分化出侧根，体胚真叶萌芽明显变大；干燥 8h 处理，表面是略微失水状态，接种 3d 后观察，体胚吸水膨胀，子叶变成黄绿色，30d 后观察，体胚子叶和根部长势强，萌发出旺盛且完整的植株。综合分析表明，塔形栓皮栎体胚通过不同时间的干燥处理后萌发得到了促进，且在干燥8h条件下处理一个月后，体胚各项诱导指标效果最大，长势强壮。因此，8h的干燥处理对体胚萌发效果最佳。

表6-15　干燥处理对体胚萌发的影响

干燥时间（h）	生根率（%）	萌芽率（%）	植株萌发率（%）
0	16.7±1.2c	23.3±0.6c	6.7±0.6c
2	30.0±1.7abc	40.0±1.7bc	16.7±0.6bc
4	50.0±2.6ab	63.3±3.2ab	30.0±2.6bc
6	63.3±2.5ab	73.3±1.5ab	46.7±2.1ab
8	76.7±1.2a	90.0±1.7a	60.0±2.7a

注：数据为均值±标准差；同一栏内不同字母表示有显著差异（$p<0.05$），相同字母表示无显著差异。

6.2.4.7　冷处理对胚萌发的影响

在4℃暗环境下进行不同时长的冷处理，同时将成熟体胚接种于添加0.25mg/L NAA和0.25mg/L 6-BA培养基中，观察冷处理对体胚萌发的影响。结果表明（表6-16），与对照组相比，冷处理对体胚萌发的生根率、萌芽率和植株萌发率都有显著影响（$p<0.05$）。当体胚冷处理15d后，浸入培养基部分胚底部出现轻微褐化，在室温下培养7d后，体胚顶端开始逐渐变为黄绿色，根部伸长，胚体也逐渐变大。30d后，体胚子叶几乎完全变为绿色，根部分化多，但细长。体胚冷处理30d，在室温下培养7d，体胚子叶变绿速度明显加快，长势良好，底部褐化并不影响根的发育。30d后，其根部最长可达5cm，粗壮不易折断，子叶完全变绿、诱导时间缩短，真叶大，最高可达66.7%。冷处理60d后，2/3体胚已褐化，体胚在室温下培养3d后，未变褐部分快速变为绿色，根部萌发速度变快，7d左右，体胚根部生长极为旺盛粗壮，最高可达80.0%，且同时出现多条主根，最长可达6cm，但是大多都只生根，不萌发芽。

综合分析表明，冷处理对体胚萌发具有显著影响，当体胚在4℃冷处理30d后，整体萌发效果最好，获得的植株生长健壮，虽然处理60d后的生根率明显高于30d的处理，植株萌发率也相近，但冷处理30d的体胚生长发育强壮，不易受环境影响，能为体胚萌发提供更好的材料。因此，冷处理30d对体胚的萌发效果最佳。

表6-16　冷处理对体胚萌发的影响

冷处理时间（d）	生根率（%）	萌芽率（%）	植株萌发率（%）
0	20.0±1.0b	26.7±1.2b	10.0±1.0b
15	43.3±2.3ab	36.7±1.2ab	20.0±1.0ab
30	73.3±2.3a	66.7±2.1a	23.3±1.7a
60	80.0±1.7a	60.0±1.7a	23.3±1.5a

6.3 讨论

在植物体胚发生的研究中，外植体的选择有很多，如成熟合子胚、未成熟合子胚、茎段、叶片、胚乳、花药等均可作为体胚发生的外植体。但大多木本植物体胚发生研究中，成熟合子胚和未成熟合子胚为外植体更容易诱导体胚。在壳斗科的其他物种包括板栗、夏栎在内的植物进行体胚诱导时，可通过茎段增殖来获得胚性愈伤组织，最终成功诱导体胚发生。本章以不同时期的未成熟合子胚和成熟合子胚为外植体进行体胚发生诱导。对塔形栓皮栎体胚发生技术的研究探讨如下：

6.3.1 体胚诱导

至今为止，科学研究中基本培养基有上百种，较为常见的有十几种，如：MS、WPM、SH、LS、B_5 等，在木本植物当中最常用的为 MS 和 WPM 培养基，SH 培养基与 B_5 相似，不用（NH_4）$_2SO_4$ 而改用 $NH_4H_2PO_4$，是无机盐浓度较高的培养基，微量元素种类齐全，浓度相对较高，在不少单子叶和双子叶植物上使用，效果很好。Toribio 等利用 SH 培养基在欧洲栓皮栎组培试验中成功诱导出胚性愈伤组织。本试验选择 MS、WPM 和 SH 为基本培养基诱导胚性愈伤组织，在愈伤组织诱导阶段，无论是在有光还是无光条件下，或不同时期胚的影响下，均发现 MS 诱导效果是最好的。MS 培养基中无机盐含量较高，微量元素齐全，特别是含有重金属 Co^{2+}，在提高体胚诱导效果的同时还能加速胚性愈伤组织的发生，且诱导时间短，愈伤组织大，色泽良好。

在整个体胚发生的诱导过程中，激素是重要的因素之一。NAA、2,4-D 是用于诱导体胚最常见的生长素。近年来，ZT 的使用也越来越为普遍，ZT 能单独使用，亦可配合细胞分裂素使用，配合使用效果更好，不仅可以增加体胚诱导率，还能提升体胚诱导速度、控制细胞分化和体胚的形态。本试验以塔形栓皮栎未成熟合子胚为外植体，对 6-BA、2,4-D、ZT 对体胚的诱导效果做了比较，其中 2,4-D 的诱导效果较好，速度快，体胚饱满，大小形状一致且数量多；ZT 诱导效果较差，速度慢，诱导胚数少。2,4-D 和 ZT 配合使用时，对比单独使用未发现有显著提高诱导效果的影响。激素的交互使用对体胚诱导的效果影响显著，但在添加激素时要注意激素浓度的配比，无论单独使用 2,4-D 还是同时添加 6-BA 均是以间接方式进行体胚发生诱导，二者结合使用时体胚的诱导率明显提升。

不同植物体胚诱导过程中对光照的需求不同。美国橡树和青冈栎的体胚诱导只有在光下才会有体胚发生，而美国橡树幼胚则在 16h 光下和暗培养中均有体胚发生，青冈栎在黑暗条件下不形成体胚，形成非胚性愈伤组织。张焕玲研究发现无梗花栎合子胚在暗处诱导率较高，光照下诱导褐化情况较为严重。本研究在光照和黑暗条件下均能正常产生体胚，但是黑暗条件下体胚诱导情况明显优于在光照条件诱导的情况，黑暗条件下体胚饱满、品质佳，生命力强；正常光照条件下愈伤组织呈淡绿色、逐渐硬化，可能是因为在正常光照条件下愈伤组织的叶绿素逐渐积累，初级体胚直接发生导致体胚诱导率下降。

选择合适时期的外植体对体胚的诱导有着巨大影响。张翠叶等研究川滇高山栎体胚发生发现，8 月 10 日左右的未成熟合子胚更容易诱导胚性愈伤组织，且胚质效果佳。蒙古栎体胚发生为7月上旬的未成熟合子胚诱导效果最佳，辽东栎体胚发生研究发现8月上旬的未成熟合子胚体胚诱导效果最好。本研究分别选择6、7、8、9月的中旬未成熟合子胚和成熟合子胚为外植体，结果发现不同时期的合子胚诱导差异显著，7月中旬的未成熟合子胚诱导率最高可以达到86.7%，9月中旬的未成熟合子胚诱导率仅有20.0%，且体胚长势弱，质量差。早期胚发育的合子胚体积小，剥离困难，且耐抗性差，在培养基中培养很容易死亡，因此对培养基的要求格外严格。7月中旬左右未成熟合子胚已经发育出胚乳，在胚乳的包裹中容易在离体培养中存活下来。在接种时要注意不能将胚切口切太大，切口太大容易污染，同时也会导致体胚死亡，如果过小容易导致体胚不能接触培养基而置于空气中导致死亡。

通常分化程度越低的组织，体胚诱导更有利。在同一株树上，出现种子授粉发育时间不统一的情况很大，导致在外植体采集时存在不同程度的差异。未成熟子叶胚的大小对体胚诱导也存在不同程度上的影响，张存旭对栓皮栎未成熟合子胚大小进行研究，结果发现全胚的诱导率最高。蒙古栎未成熟子叶胚的大小对体胚发生影响不显著。本研究以外植体为材料，分别做留全子叶胚、半子叶胚、全胚3个处理，结果发现全胚的体胚诱导率明显高于其他含有子叶的胚，且褐化程度小。含有子叶的胚接种后，培养基褐化，严重者直接致死。可能是种子通过升汞消毒后，子叶中酚类化合物外溢，酚类物质很不稳定，跟多酚氧化酶接触，导致培养基褐化程度严重。

成熟合子胚相比未成熟合子胚体胚诱导效果差异很大，未成熟合子胚诱导的体胚效果好，体胚饱满，色泽鲜嫩；成熟合子胚诱导效果差，体胚发育弱，且出胚数较少，褐化严重，且污染数多。姚曾玉认为栓皮栎的成熟合子胚诱导体胚的诱导效果仅20%，幼年材料可以高达100%。一方面是因为幼年材料处于发育旺盛期，更容易诱导出体胚，另一方面可能是因为种子在长时间生长过程中，跟外界接触时间长，细菌污染情况也随之增加，导致污染率严重。

外植体褐化是导致胚性愈伤组织诱导失败的重要因素之一。其褐变程度跟培养基、外植体、激素、培养条件、转接时间等关系较为密切。暗环境培养会减少褐化；使用未成熟胚或幼嫩茎段为外植体时，也会减少体胚的褐化；培养基中出现轻度褐化时，及时转移至干净培养基中也能有效降低褐化率。常用的抗褐化剂有：活性炭（AC）、聚乙烯吡咯烷酮（PVP）、硝酸银（$AgNO_3$）、抗坏血酸等。崔雪梅对水曲柳体胚的褐化进行研究，结果表明10～50mg/L的硝酸银能有效降低外植体的褐化情况；李张等对南方红豆杉进行褐化研究，结果表明0.5mg/L PVP抗褐化效果最好。本研究通过不同浓度PVP进行处理，结果发现1.5g/L PVP防止褐化效果最好，且体胚诱导率较高。PVP属于一种较强的无机吸附剂，能吸收培养基中的酚、醌类物质，可有效防止体胚褐化。

6.3.2 体胚增殖

体胚的增殖方式有两种，一种是体胚的直接增殖；另外一种是体胚的间接增殖。体胚的直接增殖是培养物形成一团大小不等的胚性细胞团，是由胚体通过不规则方式分裂形成，从理论上讲只要条件合适就可无限繁殖下去，胚性细胞得以正常延续以达到扩繁目的。壳斗科栎属植物体胚增殖是间接增殖，本试验选择6-BA、2,4-D和NAA为体胚增殖诱导激素，结果表明添加不同浓度的6-BA时，体胚增殖速度加快，效果有明显好转，经过多次增殖后，体胚出现逐渐成熟的变化。

体胚增殖对环境要求也较为严格。本研究分别在正常光环境、弱光环境和无光环境下进行增殖诱导，结果发现：弱光环境下体胚发育效果最好，体胚增殖系数大，胚体紧凑。正常光环境下进行增殖诱导，会使得体胚变绿，胚体变硬，逐渐转为非胚性愈伤组织；无光环境下增殖诱导胚体发育良好，体胚增殖系数高，但是体胚松散，多呈透明状。

6.3.3 体胚成熟

体胚成熟培养指促进体胚进一步发育，减少异常体胚，增强体胚萌发能力。整个再生植株过程中，体胚成熟是诱导萌发重要的基础，需要经历球形胚、心形胚、子叶胚等复杂的过程，最后才能正常萌发成植株。不同程度的成熟体胚会直接影响体胚萌发效果，体胚成熟的因素有很多，如糖的种类及浓度、活性炭浓度、激素种类及浓度或外源激素等。

ABA浓度是诱导植物体胚成熟的关键激素之一，前人研究发现添加ABA能有效减少畸形胚数量，提高体胚萌发率和植株转化率。本研究发现无论是否添加ABA均会产生次生胚或畸形胚，ABA浓度越高，次生胚和畸形胚的抑制效果越好，反之抑制效果越差。但ABA处理时间不宜过长，否则下胚轴会褐变，导致整个体胚死亡。前人研究发现，可通过ABA的作用来影响胚的发育。ABA参与碳水化合物的代谢，可降低培养基中腐胺的水平，从而抑制体细胞的过早萌发并增强体胚的脱水性，有利于体胚的萌发及植株转化。本研究添加不同浓度ABA进行成熟诱导，发现低浓度的ABA能有效促进体胚萌发并降低体胚畸形率，在高浓度（大于1.0mg/L）ABA培养下体胚有明显产生次生胚的现象，这可能是ABA能促进细胞内淀粉、脂类和蛋白质等贮存物质的积累，从而促进体细胞胚的成熟。提前萌发的均是一些不能合成ABA或对ABA不敏感的突变体体胚，添加ABA在体胚转换中起到极其重要的作用，通过调控ABA自身的合成或对ABA的敏感性来调节体胚后期的发育。

活性炭具有较强的吸附性，不仅能吸附培养基中的杂质，还能吸附培养基中的营养元素。本研究发现，活性炭能有效降低褐化程度、降低体胚的次生胚率和畸形胚率。前人研究发现活性炭可以调节培养基的pH并降低渗透压，有效诱导鹅掌楸体胚的成熟。当浓度达到2g/L时，几乎不再产生次生胚，但是畸形胚变多，子叶发育异常肥大，根部逐渐变绿，这可能与PVP有关，PVP具有抑制体胚早萌的特性。当PVP与高浓度的活性炭一起添加至培养茎时，体胚会出现早萌现象，下胚轴根部提前发育。因此在添加高浓度活性炭时，可以选择添加PVP，同时还需控制好活性炭的浓度并及时观察体胚的发育动态，以免出现体胚异常现象。

高浓度的蔗糖能有效促进体胚成熟，蔗糖在发育过程中可以提供碳源并调节渗透压。添加5%的蔗糖能有效提高栓皮栎体胚的成熟度。本试验中，蔗糖浓度对体胚的成熟有显著影响。当蔗糖浓度为3%时，成熟率仅为26.8%，次生胚率较高；蔗糖浓度为5%时，成熟率可达77.8%，体胚成熟诱导效果更好，蔗糖浓度达到6%时，体胚诱导成熟率大大下降，数量少、个体小，同时体胚的畸形率增加，褐化程度也随之增加，严重的可使体胚褐化致死。因此，适当的蔗糖浓度可以诱导体胚的成熟，甚至有的体胚成熟后直接开始萌发，这跟张存旭和姚增玉研究结果一致。但后期萌发阶段效果并不是很好，这可能跟体胚成熟诱导时间长短有关。

不同体胚的成熟对激素浓度的敏感度也不同，如在MS+0.5mg/L IAA+1.0mg/L ABA条件下能有效促进妃子笑荔枝体胚成熟，日本落叶松体胚的成熟诱导中，在培养基中添加10～20mg/L的GA_3或IAA可显著提高成熟子叶胚的数量。但张焕玲研究发现在栓皮栎体胚成熟诱导过程中，不添加任何激素对体胚成熟效果更好，因此激素对不同树种体胚成熟的影响效果有差异。本研究通过不同浓度的NAA和6-BA进行成熟诱导，发现低浓度的激素组合比高浓度的激素组合诱导效果好。激素浓度越大，体胚的再生胚和畸形胚随之增加，虽然培养基中加入了PVP，但PVP浓度越大，体胚褐化程度也加重。体胚在进行成熟诱导时，对激素的要求不宜太高，应使用低浓度的激素组合更有利于体胚的正常发育。

光照在体胚的成熟阶段发挥重要作用。本研究将体胚放置在光照条件下诱导时，体胚发育效果良好，胚体饱满，子叶呈绿色；在黑暗环境下，出现胚体失活、颜色变灰、无继续发育的现象。体胚在发育成熟的过程中，光照条件下胚体顶端积累合成叶绿素，诱导体胚逐渐成熟直至体胚萌发，且光照强度不易太高，否则会影响叶绿素的合成，导致体胚无法正常萌发；没有光照体胚将无法合成叶绿素，胚体会在短时间内失去活力直至死亡。

6.3.4 体胚萌发

前人研究发现，不定芽萌发困难是体细胞胚胎发生再生过程中的主要限制因素，不同物种之间萌发率差异较大。有些植物萌发率能达到60%以上，如赤松（*Pinus densiflora*），有的植物萌发率很低。因此，为了获得更高的萌发率，需添加外来激素提供植物体内萌发所需的营养物质。有学者研究发现，当体胚达到一定的成熟度时，不需要添加任何激素，也可以由体胚顺利分化出芽、茎段和根，从而转化成正常的植株。本试验通过调节基本培养基发现，无论是1/2MS培养基还是MS培养基均能使胚萌发，但均会发生很多畸形胚。在1/2MS培养基中，体胚萌发效果相对较好，生根率和萌芽率均高于MS培养基中的体胚，MS中较高的硝酸盐对体胚的萌发有一定的阻碍作用，降低硝酸盐的浓度，可以有效提高体胚的萌发率和生根率。现在所用的基本培养基是成品培养基，未进行单独母液配制，具体硝酸盐浓度对体胚萌发的影响有待进一步研究。

活性炭的主要作用是吸附培养基中的杂质，本身对体胚萌发没有诱导作用，但由于其特有的吸附性，能吸收在诱导过程中所产生的褐化物质或多余的激素，配合激素的使用能有效促进体胚的正常发育。本试验通过添加不同浓度的活性炭发现，活性炭可以有效防止体胚的褐化情况，但对体胚萌发没有效果。添加活性炭后能有效促进根部的生长，也能增加萌芽率，但是对完整植株的诱导效果并不明显，多为只萌发根部或只长芽的胚体，且容易产生再生胚。浓度越高，再生胚的情况也越严重。

GA_3属于赤霉素类生长调节剂，能调控植物细胞的生长，对植物开花有一定的促进作用。在组织培养中，GA_3对体胚的芽分化形成有促进作用，莫小路等将檀香体胚转入含GA_3的培养基上，体胚立即获得了萌发并迅速生长，最高萌发率可达100%；也有研究表明GA_3对体胚的萌发有负面效果，陈伟在对胡桃体胚萌发的研究中发现GA_3对体胚萌发有一定的抑制作用；张宝红等在对棉花的研究中发现高含量的GA_3是造成畸形胚的重要因素之一。本研究发现，GA_3对塔形栓皮栎体胚的萌发没有显著影响，虽然有一部分能诱导出来，但是在诱导15d后，体胚出现大面积褐化，胚体逐渐失去绿色变为淡黄色，研究结果跟张宝红一致。原因可能是因为体胚在萌发过程中会产生GA_3，导致GA_3的浓度过高抑制体胚的生长。

激素在体胚萌发过程中主要作用为调整体内自身激素平衡，但是在大多数栎类体胚萌发过程中，萌发阶段激素的需求量少或者不添加激素也能诱导体胚萌发。本试验通过添加不同浓度的激素对体胚萌发进行诱导，低浓度的激素组合对体胚萌发及芽和根诱导效果更好，同张焕玲的研究结果一致，但是对体胚完整植株诱导效果并不明显。激素浓度的逐渐增加会使体胚生长情况逐渐下降，真叶易碎，连接不牢固。

在体胚萌发过程中，用预处理的方式可促进体胚萌发。对于许多植物而言，通过一些外部环境的刺激，使体胚产生生理上的变化，可有效增加体胚的萌发率。如干燥或冷藏处理，通过干燥脱水后，体胚复水萌发效果显著；冷藏处理使体胚休眠，处理后在正常室温下培养体胚萌发效果大大增加。据报道，半干燥处理对一些不易萌发的种子有很大的作用，如半干燥处理可以促进栗树种子胚轴的萌发；针叶树的体胚在转入萌发培养基前，在相对湿度≥95%条件下进行半干燥处理，成熟体胚的萌发率增加；在含高渗透压的培养基中的栗树体胚经过冷藏处理后，体胚的萌发效果增加显著。本研究通过塔形栓皮栎体胚诱导发现，8h的干燥处理使栓皮栎体胚的萌芽率、生根率和植株萌发率均达到最大，相比对照组萌芽率可提高66.7%；通过不同时间的冷藏处理后体胚的萌发效果同前人研究结果相似，根萌发速度快，体胚子叶变绿速度快，生长发育健壮。

6.3.5 体胚萌发率低的原因

大多数植物在体胚诱导过程中会形成大量的畸形胚，正常的体胚萌发数少，所以造成体胚萌发率低；有的体胚看似正常，也不一定能移栽成植株，如张焕玲研究栓皮栎体胚发现，正常植株转接至无激素的培养基中，在叶片出现斑点后死亡。体胚在连续继代后会出现遗传变异，有的还会诱导出多倍体，欧洲栓皮栎非胚性组织诱导出的体胚与其母树叶片间存在多态性，其水平远远低于半同胞家系。梅花体胚继代14个月后即有四倍体产生。因此，多倍体产生不会影响体胚发生，但会影响体胚的植株再生。有的树种通过对畸形苗的诱导也能萌发为正常的植株；有的树种在诱导出植株后，依旧出现很多问题导致植株无法继续生长，如体胚苗矮化现象、形成畸形叶、出现白化苗等。塔形栓皮栎属于栓皮栎的变种，在前人研究的基础上，本研究尝试诸多方法调控体胚的成熟和萌发率，但依旧出现大量的畸形胚和再生胚。离体培养和植物活体生长情况不同，会导致生理异常产生变异现象，具体原因还需从遗传学和生理学上进行更深入的探讨。

6.4 结论

（1）以塔形栓皮栎未成熟和成熟合子胚为外植体诱导体胚，较为适宜的基本培养基为MS培养基，在无光环境下诱导效果最佳。

（2）不同时期采集的外植体诱导率会出现不同程度的差异，7月中旬采集的未成熟合子胚诱导率最高，选择作为塔形栓皮栎体胚诱导外植体较为适宜。7月中旬未成熟合子胚对激素的适应范围比较广，同时添加1mg/L 6-BA和0.5mg/L 2,4-D的激素组合诱导效果最佳。

（3）成熟合子胚诱导效果差，通过对子叶胚进行手术发现，全胚对体胚诱导效果有明显提升。黑暗环境容易使体胚发生褐变，通过添加1.5g/L PVP能有效控制体胚的褐化情况。综合以上条件，最终塔形栓皮栎体细胞胚诱导最佳条件为：以7月中旬的未成熟合子胚为外植体，于黑暗环境下进行诱导，最佳配方为MS+蔗糖（3%）+琼脂（7g/L）+6-BA（1mg/L）+2,4-D（0.5mg/L）+PVP（1.5g/L）。

（4）在无光环境下，同时添加0.5mg/L 6-BA和1mg/L 2,4-D对体胚增殖效果最为明显。

（5）体胚进入成熟期后，有诸多原因可以影响体胚的成熟，如光照条件、蔗糖浓度、不同激素及浓度、ABA浓度、活性炭等。本研究通过大量的实验发现，光照条件能使体胚更好的积累叶绿素；在高糖（5%）浓度下体胚诱导效果更好，生长快速，胚体健壮，高于5%的糖浓度，再生胚占比会迅速上升；激素诱导不宜用太高的浓度，0.25mg/L NAA和0.5mg/L 6-BA激素组合更容易诱导体胚成熟；ABA对诱导塔形栓皮栎体胚成熟有很好的效果，在原基础上添加0.5mg/L ABA能提高体胚的成熟率；活性炭的吸附作用为吸收培养基中的杂质，低浓度的活性炭对塔形栓皮栎体胚的成熟诱导有促进作用，浓度过高容易产生次生胚。综合以上条件，最佳的塔形栓皮栎成熟诱导培养基为：MS+琼脂（7g/L）+蔗糖（7%）+NAA（0.25mg/L）+6-BA（0.5mg/L）+ABA（0.5mg/L）+活性炭（1.5g/L）。

（6）体胚在萌发过程中，会产生很多畸形胚或再生胚，通过不同因素进行调控可促进体胚的萌发，这些因素如半干燥和冷处理、不同浓度的激素、基本培养基、活性炭等。在塔形栓皮栎体胚萌发过程中，8h的半干燥处理对体胚萌芽率有明显提升作用，最高可达90.0%；4℃环境下冷藏30d后，体胚的生根率明显提升，最高可达80.0%；MS基本培养基中硝酸盐含量较高，当使用1/2MS时，体胚萌发有明显好转；GA_3在塔形栓皮栎萌发诱导中并没有提升体胚的萌发率，添加后反而抑制了体胚的萌发，加速体胚褐化甚至死亡；活性炭可以吸附培养基中杂质，不仅在体胚的成熟诱导中有良好的效果，在体胚的萌发过程中也有较好助益，但加入的活性炭浓度不易太高，否则极易产生再生胚。综上所述，塔形栓皮栎最佳培养条件为，体胚成熟后在4℃下冷藏30d，或将体胚半干燥处理8h后，再接入培养基，最佳培养基配方为：1/2MS+琼脂（7g/L）+蔗糖（3%）+NAA（0.25mg/L）+6-BA（0.5mg/L）+ABA（0.5mg/L）。

7 参考文献

白超，2013. 不同类型栓皮栎软木特性与林木生长规律研究 [D]. 咸阳: 西北农林科技大学.

蔡志全，阮宏华，叶镜中，2001. 栓皮栎林对城郊重金属元素的吸收和积累 [J]. 南京林业大学学报 (1):18-22.

常吉梅，刘春霞，常吉元，1999. 栓皮栎糖浆治疗恶性肿瘤的临床及实验研究 [J]. 中国中医药科技 (4):211-212.

陈春伶，2010. 栓皮栎体胚再生植株培养方案的优化研究 [D]. 咸阳: 西北农林科技大学.

陈金慧，施季森，诸葛强，等，2003. 杂交鹅掌楸体细胞胚胎发生研究 [J]. 林业科学，39(4): 49-53.

陈伟，1993. 影响胡桃体细胞胚萌发率若干因素的研究 [J]. 福建林学院学报，13(4): 381-385.

陈益泰，王树凤，陈雨春，等，2015. 弗吉尼亚栎种子产量、脱落过程与种子形态特征的变异及稳定性 [J]. 林业科学研究，28(4): 524-530.

陈有民，1990. 园林树木学 [M]. 北京: 中国林业出版社.

程瑞梅，肖文发，1998. 河南宝天曼栓皮栎林群落特征及物种多样性 [J]. 植物资源与环境 (4): 9-14.

崔雪梅，2015. 水曲柳与暴马丁香体胚发生褐化外植体的生理生化状态的研究 [D]. 哈尔滨: 东北林业大学.

杜连起，李香艳，1996. 橡子的综合开发利用 [J]. 林业科技开发 (1): 28-29.

冯冬霞，施生锦，2005. 叶面积测定方法的研究效果初报 [J]. 中国农学通报，21(6): 150.

傅焕光，于光明，等，1986. 栓皮栎栽培与利用 [M]. 北京: 中国林业出版社.

高莘，王彦丽，赵泾峰，等，2015. 栓皮栎软木化学除杂技术研究 [J]. 林产工业，42(8): 29-33.

高芳，沈海龙，刘春苹，等，2017. 红松成熟胚愈伤组织诱导外植体选择及培养条件优化 [J]. 南京林业大学学报 (自然科学版)，41(3): 43-50.

高根虎，卢从祥，2002. 陕西省软木工业发展的优势及对策 [J]. 陕西林业科技 (1): 63-65.

郭奕明，杨映根，郭毅，等，2003. 落叶松体细胞的胚胎发生 [J]. 植物生理学通讯 (5): 531-535.

何瑞国，熊统安，汪康民，等，2000. 野生经济植物资源橡籽仁可利用价值的研究 [J]. 应用生态学报 (2):196-198.

侯颖，王继伟，1996. 以橡实为原料酿制保健白酒 [J]. 酿酒 (4): 13.

华北树木志编写组，1984. 华北树木志 [M]. 北京: 中国林业出版社.

黄健秋，卫志明，1995. 针叶树体细胞胚胎发生的研究进展 [J]. 植物生理学通讯 (2): 85-90.

黄利群，陈四发，刘艳萍，1998. 橡子研究概况 [J]. 氨基酸和生物资源 (1): 54-58.

季孔庶，王潘潘，王金铃，等，2015. 松科树种的离体培养研究进展 [J]. 南京林业大学学报 (自然科学版)，58(1): 142-148.

江泽平，1991. 麻栎、栓皮栎及小叶栎的生态地理学 [D]. 北京: 中国林业科学研究院.

雷静品，肖文发，刘建锋，2013. 我国栓皮栎分布及其生态学研究 [J]. 世界林业研究，26(4): 57-62.

李登武，刘国彬，张文辉，等，2003. 秦巴山地栓皮栎所在群落主要乔木树种种间联结性的研究 [J]. 西北植物学报 (6): 901-905.

李浚明，朱登云，2005.植物组织培养教程[M].北京：中国农业大学出版社.

李康球，1996.栓皮及其应用[J].中国木材(4): 40-42.

李美莹，李前，金子涵，等，2021.蒙古栎体细胞胚胎发生技术研究[J].辽宁林业科技(1): 1-6.

李明，王树香，冯大领，2011.植物体细胞胚发生及发育研究进展[J].中国农学通报，27(3):237-241.

李前，2019.蒙古栎体细胞胚胎发生技术研究[D].沈阳：沈阳农业大学.

李张，徐志荣，娄佳兰，等，2018.防褐化剂对南方红豆杉愈伤组织褐化及相关物质含量的影响[J].生物灾害科学，41(1): 69-73.

厉月桥，李迎超，吴志庄，2013.不同种源蒙古栎种子表型性状与淀粉含量的变异分析[J].林业科学研究，26(4): 528-532.

廖婧，方炎明，虞木奎，2012.麻栎成熟合子胚外植体体胚发生和植株再生[J].西北植物学报，32(2): 398-402.

林玲，段二龙，罗建，2015.云杉属植物种子形态及萌发特征的种间变异[J].南京林业大学学报(自然科学版)，39(1):62-66.

刘贵峰，臧润国，刘华，等，2012.天山云杉种子形态性状的地理变异[J].应用生态学报，23(6): 1455-1461.

刘玉萃，吴明作，郭宗民，等，1998.宝天曼自然保护区栓皮栎林生物量和净生产力研究[J].应用生态学报(6): 11-16.

刘志龙，虞木奎，马跃，等.不同种源麻栎种子和苗木性状地理变异趋势面分析[J].生态学报，2011,31(22): 6796-6804.

隆旺夫，2010.橡子豆腐制作方法[J].农村新技术(12): 52.

鲁路，陆叶，盛宇，等，2016.不同活性炭对杂交鹅掌楸体胚发生的影响[J].南京林业大学学报(自然科学版)，40(2): 59-64.

罗社宏，2008.探索软木行业发展之路[J].陕西林业(6): 14-15.

马莉薇，张文辉，薛瑶芹，等，2010.秦岭北坡不同生境栓皮栎实生苗生长及其影响因素[J].生态学报，30(23): 6512-6520.

莫小路，曾庆钱，蔡岳文，等，2010.檀香种胚离体培养快速育苗研究[J].亚热带植物科学，39(2): 32-34.

宁国贵，吕海燕，张俊卫，等，2010.梅花不同外植体离体培养及体细胞胚诱导植株再生[J].园艺学报，37(1): 114-120.

彭曦，闫文德，王光军，等，2018.杉木叶形态特征与叶面积估算模型[J].生态学报，38(10).

曲式曾，张文辉，李景侠，1990.陕南栎类资源现状调查[J].西北林学院学报，5(1): 75-81.

任莹，陈炳卿，刘颖，等，1996.橡子面拮抗铅毒性的作用及对微量元素的影响[J].中国食品卫生杂志(3): 4-8.

阮家武，2004.橡子粉丝加工技术研究[Z].江西省武宁县绿野食品有限公司.

上官蔚蔚，雷亚芳，赵泾峰，等，2017.栓皮槠软木性质及应用研究进展[J].西北林学院学报，32(6): 276-281.

史作民，刘世荣，程瑞梅，1998.宝天曼地区栓皮栎林恢复过程中高等植物物种多样性变化[J].植物生态学报(5): 32-38.

舒枭，杨志玲，杨旭，等，2010.不同种源厚朴苗期性状变异及主成分分析[J].武汉植物学研究，28(5): 623-630.

宋轩，李树人，姜凤岐，2001.长江中游栓皮栎林水文生态效益研究[J].水土保持学报(2): 76-79.

唐晓倩，刘广全，李庆梅，等，2012.8种落叶栎类种子形态特征比较分析[J].西北林学院学报，27(4): 60- 64,72.

唐晓倩，刘广全，王华田，等，2013.6种落叶栎类种子形态特征和营养含量之差异[J].国际沙棘研究与开发，11(1):21-27.

王果，李焕苓，吉训志，等，2018.IAA和ABA对荔枝体胚成熟的影响[J].热带农业科学，38(4):6-11.

王庆国，2020.栓皮栎软木粒子特性及膨化试验研究[D].咸阳：西北农林科技大学.

魏练平，毛非鸿，蒋立科，等，2007.橡子营养成分及其加工利用的初步研究[J].安徽农学通报(9): 137-138.

魏爽，2011. 辽东栎合子胚的离体培养[D]. 沈阳：沈阳农业大学.

魏爽，崔建国，温伟，等，2010. 辽东栎的组织培养和植株再生[J]. 植物生理学报，46(12): 1277-1278.

魏新莉，向仕龙，周蔚红，2007. 3种栓皮化学成分对其性能的影响[J]. 木材工业(6): 17-19.

巫娟，胡姝珍，茅思雨，等，2020. 基于叶片形态的毛竹单叶叶面积模型[J]. 林业科学，56(8): 47-54.

吴凤婵，李安定，蔡国俊，等，2021. 6种西番莲属植物叶面积经验模型构建[J]. 果树学报，38(9): 11.

吴明作，姜志林，刘玉萃，1999. 栓皮栎种群的年龄动态与稳定性研究[J]. 河南科学(1): 71-75.

吴明作，刘玉萃，姜志林，2001. 栓皮栎种群生殖生态与稳定性机制研究[J]. 生态学报(2): 225-230.

吴世谦，2019. 高温热处理对栓皮栎软木特性的影响研究[D]. 咸阳：西北农林科技大学.

吴晓雪，张艾婧，盖颖，等，2021. 外源激素对日本落叶松体细胞胚发生不同阶段的影响[J]. 林业科学，57(1): 30-39.

武康生，1990. 栓皮栎苗木的水分关系[J]. 北京林业大学学报(3): 26-33.

谢会成，姜志林，2010. 栓皮栎蒸腾速率的日变化、季节动态及其对遮阴的响应[J]. 山东林业科技，40(4): 70-71, 82.

谢会成，朱西存，2004. 水分胁迫对栓皮栎幼苗生理特性及生长的影响[J]. 山东林业科技(2): 6-7.

谢永平，郑运欢，郭英铎，等，2022. 第一例栽培种花生花药培养单倍体植株的创制[J]. 中国油料作物学报，44(4): 810-817.

熊子书，1999. 橡子生长特征和酿酒研究的回顾[J]. 酿酒科技(6): 21-23.

徐开蒙，彭鹏祥，李凯夫，等，2018. 不同地理种源柚木材硬度及耐磨性差异研究[J]. 林产工业，45(1):14-18.

许建秀，吴小芹，叶建仁，等，2017. 抗松材线虫病赤松体细胞胚的发育和成熟萌发[J]. 林业科学，53(12): 41-49.

闫兴富，邓晓娟，王静，等，2020. 种子大小和干旱胁迫对辽东栎幼苗生长和生理特性的影响[J]. 应用生态学报，31(10): 3331-3339

杨保林，张文辉，周建云，2010. 秦岭北坡不同干扰条件下栓皮栎无性繁殖在其种群更新中的作用[J]. 东北林业大学学报，38(10): 27-29, 43.

杨金玲，桂耀林，郭仲琛，2000. 白杆胚性愈伤组织长期继代培养中的分化能力及染色体稳定性研究[J]. 西北植物学报，20(1): 44-47.

姚增玉，2004. 栓皮栎体细胞胚胎诱导的研究[D]. 咸阳：西北农林科技大学.

叶荣启，周仁禄，冯精华，等，1995. 闽北栓皮栎人工林土壤肥力与水源涵养功能的研究[J]. 福建林学院学报(4): 353-356.

尹长安，孙占朋，韩映辉，1989. 橡子对滩羊日粮消化率的影响[J]. 毛皮动物饲养(1): 10-13.

于大德，肖宁，王企珂，等，2011. 云南松胚性愈伤组织诱导及增殖[J]. 西北植物学报，31(10): 2119-2123.

原志庆，千高峰，和瑞芝，等，1992. 贲门癌切缘残留癌的DNA含量与组织病理学的关系[J]. 河南肿瘤学杂志(4): 6-8.

苑一丹，朱玲燕，宋孝周，2017. 蒸煮处理对栓皮栎软木主要物理特性的影响[J]. 林业工程学报，2(3):44-49.

臧小榕，母军，张新宇，2019. 软木细胞壁化学组分及软木材料应用探析[J]. 林产工业，46(8): 47-52.

曾新德，1995. 葡萄牙软木工业的现状及发展趋势[J]. 林产化工通讯(5): 25-27.

翟立海，李丽，谢会芳，等，2020. 栓皮栎定向培育技术要点浅析[J]. 南方农业，14(3): 23-24.

张宝红，李秀兰，李凤莲，等，1996. 棉花组织培养中异常苗的发生与转化[J]. 植物学报(11): 845-852.

张宝红，李秀兰，李付广，等，1993. 棉花体细胞胚萌发及植株再生的研究(英文)[J]. 西北农业学报(4): 24-28.

张翠叶，辛福梅，杨小林，等，2014. 川滇高山栎体胚诱导关键影响因素研究[J]. 西北农林科技大学学报(自然科学版)，42(1): 51-56.

张存旭，2007. 栓皮栎体细胞胚胎发生及生化特性的研究[D]. 咸阳：西北农林科技大学.

张存旭，姚增玉，2004. 栎属植物体细胞胚胎发生研究现状[J]. 西北植物学报(2): 356-362.

张凤良，张方秋，潘文，等，2011. 17个红锥种源叶片性状变异分析[J]. 林业与环境科学，27(3): 20-26.

张焕玲，2005. 栓皮栎体胚成熟与萌发研究[D]. 咸阳: 西北农林科技大学.

张焕玲，张存旭，贾小明，2005. 栓皮栎胚性愈伤组织诱导及增殖体系的建立[J]. 西北林学院学报(1): 74-77.

张丽丛，雷亚芳，常宇婷，2009. 栓皮栎软木主要化学成分的分析[J]. 西北林学院学报，24(4): 163-165.

张梦妍，2021. '香玲'核桃体细胞胚胎发生影响因素研究[D]. 咸阳: 西北农林科技大学.

张润华，赵昕刚，马尔妮，2019. 栓皮槠软木微观构造和化学成分的研究[J]. 林产工业，46(1): 48-52.

张文辉，段宝利，周建云，等，2003. 不同种源栓皮栎幼苗水分适应及耐旱特性比较研究[J]. 西北植物学报(5): 728-734.

张文辉，李景侠，1989. 安康、汉中地区栎林资源利用现状及分析[J]. 林业科技通讯(10): 13-15.

张英杰，赵泾峰，冯德君，2020. 4种不同类型栓皮栎软木物理力学性能研究[J]. 广西林业科学，49(1):135-138.

赵戈，段新芳，官恬，等，2004. 世界软木加工利用现状和我国软木工业发展对策[J]. 世界林业研究(5):25-28.

赵泾峰，冯德君，张文辉，等，2014. 陕西不同天然类型栓皮栎软木的主要化学组分及其利用分析[J]. 西北农林科技大学学报(自然科学版),42(9): 78-82.

赵平娟，孙海彦，彭明，2009. 植物体胚成苗培养的研究进展[J]. 现代农业科学，16(5): 31-32.

郑万钧等，1985. 中国树木志: 第二卷[M]. 北京: 中国林业出版社.

郑志锋，2005.软木资源及其利用[J].云南林业，26(3):23-24.

中国科学院中国植物志编辑委员会.中国植物志: 第八卷[M]. 北京: 科学出版社，1992.

中国科学院中国植物志编辑委员会.中国植物志: 第七卷[M]. 北京: 科学出版社，1978.

钟昔阳，张景强，2002. 橡子凉粉的研制[J]. 食品科技(12): 26-27.

周立红，孙启时，乔丽川，等，2000. 栓皮栎叶抗炎活性部位化学成分的初步研究[J]. 沈阳药科大学学报(3): 179-181.

周旋，何正飚，康宏樟，等，2013.温带-亚热带栓皮栎种子形态的变异及其与环境因子的关系[J].植物生态学报，37(06): 481-491.

邹灵清，银现，1992. 橡实替代日粮玉米喂猪试验研究[J].豫西农专学报(1): 31-34.

Algorithms and software for fitting polynomial functions constrained to pass through the origin

Ammirato P V, 1977. Hormonal control of somatic embryo development from cultured cells of caraway interactions of abscisic acid, zeatin, and gibberellic acid[J]. Plant Physiology, 59(4): 579-586.

Bakhshaie M, Babalar M, Mirmasoumi M, et al. , 2010. Somatic embryogenesis and plant regeneration of *Lilium ledebourii*, an endangered species[J]. Plant Cell, Tissue and Organ Culture (PCTOC), 102(2): 229-235.

Chalupa V, 1990. Plant regeneration by somatic embryogenesis from cultured immature embryos of oak (*Querem robur* L.) and linden (*Tilia cordata* Mill.)[J]. Plant Cell Reports, 9(7): 398-401.

Chechowitz N, Chappell D M, Guttman S I, et al. , 1990. Morphological, electrophoretic, and ecological analysis of Quercus macrocarpa populations in the Black Hills of south Dakota and Wyoming[J].Botany, 68(10):2185-2194.

Corredoira E, San-José M C, Viéitez A M, 2011. Induction of somatic embryogenesis from different explants of shoot cultures derived from young *Quercus alba* trees[J]. Trees, 26(3):881-891.

Corredoira E, Vieitez A M, Ballester A, 2007. Proliferation and maintenance of embryogenic capacity in elmembryogenic cultures[J]. In Vitro Cellular & Developmental Biology-Plant, 39(4): 394-401.

European chestnut (*Castanea sativa* Mill.)[J]. In Vitro Cellular and Development Biology-Plant, 50: 58-68.

Fenner M, 2000. Seeds: the ecology of regeneration in plant communities[M]. Wallingford, UK: CABI Publishing.

Gallego F J, Martínez I, Celestino C, et al. , 1997. Testing somaclonal variation using RAPDs in *Quercus suber* L.

somatic embryos[J]. International Journal of Plant Sciences, 158(5): 563-567.

Gao W, Liu J, Xue Z, et al. , 2018. Geographical patterns and drivers of growth dynamics of *Quercus variabilis*[J]. Forest Ecology and Management, 429: 256-266.

Hijmans R J, Cameron S E, Parra J L, et al. , 2005. Very high resolution interpolated climate surfaces for global land areas[J]. International Journal of Climatology, 25(15): 1965-1978.

Jain S M, Gupta P K, 2005. Protocol for somatic embryogenesis in woody plants[J]. Forestry sciences, 77:585

Ji M, Zhang X, Wang Z, et al. , 2011. Intra-versus inter-population variation of cone and seed morphological traits of *Pinus tabulaeformis* in northern China: Impact of climate-related conditions[J]. Polish Journal of Ecology, 59(4): 717-727.

Jonsson A, Eriksson G, Dormling I, et al. , 1981. Studies on frost hardiness of *Pinus contorta* seedlings grown in climate chambers[J]. Studia Forestalia Suecica(157): 47.

Kaliniewicz Z, Markowski P, Anders A, et al. , 2019. Physical properties of seeds of eleven fifir species[J]. Forests, 10(2).

Kermode A R, 1990. Regulatory mechanisms involved in the transition from seed development to maturation[J]. Critical Reviews in Plant Sciences, 9(2): 155-195.

Kijowska-Oberc J, Staszak A M, Wawrzyniak M K, et al. , 2020. Changes in proline levels during seed development of orthodox and recalcitrant seeds of genus *Acer* in a climate change scenario[J]. Forests, 11(12).

Layne A, 2002. Relation of ramet size to acorn production in fifive oak species of xeric upland habitats in south central Florida[J]. American Journal of Botany, 89(1): 124-131.

Leal-Sáenz A, Waring K M, Menon M, et al. , 2020. Morphological differences in Pinus *strobiformis* across latitudinal and elevational gradients[J]. Frontiers in Plant Science, DOI: 10.3389/fpls..559697.

Lecouteux C G, Lai F M, Mckersie B, 1993. Maturation of alfalfa (*Medicago sativa* L.) somatic embryos by abscisic acid, sucrose and chilling stress[J]. Plant Science, 94: 207-213.

Lelu-Walter M A, Thompson D, Harvengt L, et al. , 2013. Somatic embryogenesis in forestry with a focus on Europe: state-of-the-art, benefits, challenges and future direction[J]. Tree Genetics & Genomes, 9(4): 883-899.

Maranz S J, Wiesman Z , 2003. Evidence for indigenous selection and distribution of the shea tree, *Vitellaria paradoxa*, and its potential signifificance to prevailing parkland Savanna tree patterns in sub-Saharan Africa north of the equator[J]. Journal of Biogeography, 30(10): 1505-1516.

Mazzini R B, Ribeiro R V, Pio R M, 2010. A simple and non-destructive model for individual leaf area estimation in citrus[J]. Fruits, 65(5): 269-275.

Mohamed E, Claudio S, 2011. The use of zygotic embryos as explants for in vitro propagation: an overview[J]. Methods in Molecular Biology, 710:229-255.

Morris C D, 2015. Multivariate analysis of ecological data using Canoco 5, 2nd edition[J]. African Journal of Range & Forage Science, 32(4): 289-290.

Pluess A R, Schütz W, Stöcklin J, 2005. Seed weight increases with altitude in the Swiss Alps between related species but not among populations of individual species.[J]. Oecologia, 144(1): 55-61.

Rodriguez-Calcerrada J, PARDOS JA, GIL L., et al. , 2007. Summer fifield performance of *Quercus petraea* Liebl and *Quercus pyrenaica* seedlings, planted in three sites with contrasting canopy cover[J]. New Forests, 33(1):67-80.

Rosas N V, Guerra B R, Coronado M E S, et al. , 2017. Morphological variation in fruits and seeds of *Ceiba aesculifolia* and its relationship with germination and seedlings biomass[J]. Botanical Sciences, 95(1): 81-91.

Shi W H, Villar-Salvador P, Li G L, et al. , 2019. Acorn size is more important than nursery fertilization for out planting performance of *Quercus variabilis* container seedlings[J]. Annals of Forest Science, 76(1): 1-12.

Slave C, 2018. Using Arcmap to create a cadastral database: case study[J]. Journal of Information Systems & Operations Management, 12(1): 180-190.

Smith I M, Forbes A B, 2018. Algorithms and software for fifitting polynomial functions constrained to pass through the origin[J]. Journal of Physics: Conference Series, DOI:10.1088/1742-6596/1065/21/212022.

Sun Q, Dumroese R K, Liu Y ,2018. Container volume and subirrigation schedule influence *Quercus variabilis* seedling growth and nutrient status in the nursery and fifield[J]. Scandinavian Journal of Forest Research,33(6): 560-567.

Sun X H, Kang H, Chen H Y, et al. , 2016. Biogeographic patterns of nutrient resorption from *Quercus variabilis* leaves across China[J]. Plant Biology, 18(3): 505-513.

Thomas T D. The role of activated charcoal in plant tissue culture[J]. Biotechnology Advances, 2008, 26(6): 618-631.

Tompsett P B, Pritchard H W, 1998. The Effect of chilling and moisture status on the germination, desiccation tolerance and longevity of *Aesculus hippocastanum* seed[J]. Annals of Botany, 82(2): 249–261.

Toribio M, Celestino C, Molinas M. Cork oak, 2005, *Quercus suber* [M]. //Jain S M, Gupta P K. Protocol for somatic embryogenesis in woody plants. Dordrecht: Springer: 445-457.

Vendramini F, Díaz S, Gurvich D E, et al. , 2002. Leaf traits as indicators of resource-use strategy in floras with succulent species[J]. New Phytologist, 154(1): 147-157.

Vieitez A M, San-José M C,Corredoira E , 2011. Cryopreservation of zygotic embryonic axes and somatic embryos of European chestnut[J]. Methods Mol Biol 760: 210-213 .

Wang Y J, Wang J J, Lai L, et al. , 2014. Geographic variation in seed traits within and among forty-two species of *Rhododendron* (Ericaceae) on the Tibetan Plateau: relationships with altitude, habitat, plant height, and phylogeny[J]. Ecology and Evolution, 4(10): 1913-1923.

Westoby M, Falster D S, Moles A T, et al. , 2002. Plant ecological strategies: some leading dimensions of variation between species[J]. Annual Review of Ecology and Systematics, 33: 125-159.

Wilhelm E, 2000. Somatic embryogenesis in oak (*Quercus* spp.)[J]. In Vitro Cellular & Developmental Biology Plant, 36:349-357.

Wirth L R, Graf R, Gugerli F, et al. , 2010. Between-year variation in seed weights across altitudes in the high-alpine plant Eritrichium nanum[J]. Plant Ecology, 207(2): 227–231.

Wong C Y, Gamon J A. The photochemical reflectance index provides an optical indicator of spring photosynthetic activation in evergreen conifers[J]. The New Phytologist, 2015, 206(1): 196-208.

Wu H, Meng H, Wang S, et al. , 2018. Geographic patterns and environmental drivers of seed traits of a relict tree species[J]. Forest Ecology and Management, 422: 59-68.

Zhang Y W, Yang L N, Wang D M, et al. , 2018. Structure elucidation and properties of different lignins isolated from acorn shell of *Quercus variabilis*[J]. International Journal of Biological Macromolecules, 107: 1193- 1202 .